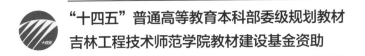 "十四五"普通高等教育本科部委级规划教材

吉林工程技术师范学院教材建设基金资助

Adobe Illustrator
服装设计实例训练教程

张冬梅　编著

中国纺织出版社有限公司

内 容 提 要

本书是"十四五"普通高等教育本科部委级规划教材。本书图文并茂，根据服装设计涉及的专业内容，包括服饰配件、服装图案、服装面料肌理等，从局部到整体服装款式的绘制进行编写，将对 AI 软件的学习融合到服装设计的细节中，除了实操内容，还兼顾美感培育与思政教育。本书内容从软件基础讲授，到结合服装专业内容的实际训练，步骤详细，易于学生理解。

本书适合高等院校服装设计专业学生或相关从业者参考学习。

图书在版编目（CIP）数据

Adobe Illustrator 服装设计实例训练教程 / 张冬梅编著 . -- 北京：中国纺织出版社有限公司，2024.1
"十四五"普通高等教育本科部委级规划教材
ISBN 978-7-5229-1276-9

Ⅰ. ① A… Ⅱ. ①张… Ⅲ. ①服装设计—计算机辅助设计—图像处理软件—高等学校—教材 Ⅳ. ① TS941.26

中国国家版本馆 CIP 数据核字（2023）第 249437 号

责任编辑：宗 静　　特约编辑：渠水清
责任校对：高 涵　　责任印制：王艳丽

中国纺织出版社有限公司出版发行
地址：北京市朝阳区百子湾东里 A407 号楼　邮政编码：100124
销售电话：010—67004422　传真：010—87155801
http://www.c-textilep.com
中国纺织出版社天猫旗舰店
官方微博 http://weibo.com/2119887771
北京通天印刷有限责任公司印刷　各地新华书店经销
2024 年 1 月第 1 版第 1 次印刷
开本：787×1092　1/16　印张：10.5
字数：185 千字　定价：68.00 元

凡购本书，如有缺页、倒页、脱页，由本社图书营销中心调换随着计算机技术普及和互联网的全球覆盖，数字技术的飞速发展已经彻底颠覆了设计的表达方式。Adobe Illustrator简称AI，其作为著名的矢量图形设计制作软件，广泛应用于设计领域。服装设计作为与人们生活息息相关的设计门类之一，也采用绘图软件进行设计表现，而使用AI软件设计绘制服装，也成为服装设计师必备的专业技能之一。

AI软件在表现服装设计的过程中，极大地推动了服装设计师设计工作的准确、丰富、高效。它的最大特征是色板图案库、画笔库和符号库的自行设置，如服装款式图中的衣褶，可以先绘制一小部分，然后将其设置为画笔，保存到自己的画笔库中，需要时打开自定义的画笔库，直接绘制出衣褶，与系统中自带的画笔功能相同。色板图案库和符号库也都具有一次设置、终身使用的功能，此功能不但使得设计内容更丰富、形式更多样，而且绘制速度也大幅提高，使设计更富有个性化特征。

本书在编写过程中，根据服装设计涉及的专业内容，遵循从局部到整体的编写思路，将对AI软件的学习融合到服装设计的细节中，在实际训练过程中兼顾思政教育与美感培育。第一章，通过讲述AI软件的基本界面构成及菜单栏、工具箱、控制栏、面板组的基本使用方法，在实际训练中严格要求，培养学生致力于制造强国、强国有我的理念，提倡大国工匠精神，培养学生技术报国的使命感。第二章以响应"推动绿色发展，促进人与自然和谐共生"的精神为主旨，提出"绿色设计"概念。具体在讲述纽扣和拉链等服饰配件的绘制方法的同时，要求学生设计以环保材料为原料的服饰配件，培养学生尊重自然、顺应自然、保护自然和践行"绿水青山就是金山银山"的理念，站在人与自然和谐共生的高度进行服饰设计。在自定义的符号库和画笔库的建立、保存和使用环节，培养学生建立节能高效的理念。第三章服装图案的设计绘制，引导学生使用中国传统图案作为原始素材进行再设计，将再设计的图案应用到现在流行时尚中，耳濡目染，让学生在学习过程中认识到中国传统文化的美及其深厚的内涵。第四章通过讲述牛仔面料、针织毛衣面料、人字呢面料、纱质面料、蕾丝面料、皮草皮革面料的模拟绘制方法，使学生能够熟练使用 AI 软件菜单下的"Illustrator 效果"和"Photoshop 效果"中的命令。第五章结合前文所绘服装配件、图案、面料等，绘制 T 恤、牛仔裤、蕾丝不对称小礼服、花边抽褶上衣、双排扣人字呢大衣、羊剪绒半大衣的款式图，使学生能够熟练配合使用 AI 软件命令、工具和面板。

本书从软件的基本操作入手，通过服饰配件设计、服装图案设计、服装面料设计等局部练习，到整合全部细节的服装款式设计，逐步深入展开，帮助学习者快速掌握使用 AI 绘制服装设计图的技法，达到设计开发服装产品的专业要求。

本书的编写过程也是编者不断学习成长的过程。期间不断推翻重组，精心选择，精准梳理，努力做到完善，但由于个人视野局限，书中难免有疏漏、欠妥之处，还请各位专家和读者批评、指正。

张冬梅

2023 年 3 月

教学内容及课时安排

章（课时）	课程性质（课时）	节	课程内容
第一章 （2课时）	理论教学 （2课时）	●	AI 软件概述
		一	AI 的工作界面
		二	菜单栏
		三	工具箱和控制栏
		四	面板组
第二章 （10课时）	理论教学 （4课时） 实践操作训练 （6课时）	●	服饰配件的设计绘制
		一	纽扣符号的设计绘制
		二	纽扣符号库的设置与使用
		三	拉链画笔的设计绘制
		四	拉链画笔的设置、保存与使用
		五	皱褶画笔的绘制、保存及使用
第三章 （8课时）	理论教学 （4课时） 实践操作训练 （4课时）	●	服装图案的设计绘制
		一	JPG 格式图片转化独立图形的设计绘制
		二	文字图案的设计绘制
		三	二方连续图案的设计绘制
		四	四方连续图案的设计绘制
第四章 （12课时）	理论教学 （6课时） 实践操作训练 （6课时）	●	服装面料肌理的模拟绘制
		一	牛仔面料肌理的绘制
		二	针织毛衣肌理的绘制
		三	人字呢面料肌理的绘制
		四	纱质面料肌理的绘制
		五	蕾丝面料肌理的绘制
		六	皮革、皮草面料肌理的绘制
第五章 （8课时）	理论教学 （4课时） 实践操作训练 （4课时）	●	服装款式图的绘制
		一	T 恤的绘制
		二	牛仔裤的绘制
		三	蕾丝不对称小礼服的绘制
		四	花边抽褶上衣的绘制
		五	双排扣人字呢大衣的绘制
		六	羊剪绒半大衣的绘制

注　各院校可根据自身的教学特点和教学计划对课程时数进行调整。

目录

CONTENTS

第五章
服装款式图的绘制 ｜ 131

目
录

第一章

AI 软件概述

课题名称： AI软件概述

课题内容： 1. AI的工作界面

2. 菜单栏

3. 工具箱和控制栏

4. 面板组

课题时间： 2课时

教学目的： 使学生初步了解AI软件基本操作知识。

教学方式： 理论教学

教学要求： 1. 学生基本了解AI菜单栏。

2. 学生基本了解工具箱的工具使用方法。

3. 学生了解面板组中面板打开、关闭的方法及常用面板。

课前准备： 学生自行安装AI软件。

Adobe Illustrator CC，是由 Adobe Systems 开发并发行的一款矢量绘图软件，简称 AI。矢量图形与我们常见的位图图像不同，它们最大的特点是图形的外形、颜色与分辨率无关，当图形被放大、缩小或旋转时，图形的外形和颜色既不会产生变形和偏差，也不会出现像素点，能够维持原有的清晰度及弯曲度。

AI 软件的功能强大，在设计领域应用极其广泛，如广告设计、包装设计、标志设计、书籍装帧设计、UI 设计、插画设计和服装设计等，都有使用 AI。在当前的数字经济背景下，AI 设计几乎服务所有行业，为加快发展数字经济，促进数字经济和实体经济深度融合做出了贡献。同时，AI 软件的兼容性非常强，可以和 Photoshop 配合使用，已经成为设计师常用软件之一。

在计算机上安装了 AI 软件之后，在"程序"菜单中单击 Adobe Illustrator 选项，或者双击桌面上的 AI 快捷方式，如图 1-1 所示，都可以启动 AI。启动 AI 后，首先见到的是欢迎使用的页面，如图 1-2 所示，主要用来创建或打开文件，以及创建新文件的格式选择等。AI 软件还会在欢迎页面下方显示之前操作的文档，图 1-2 下方的文档，直接鼠标左键双击即可打开，方便继续编辑未完成的设计。

图 1-1　软件标志

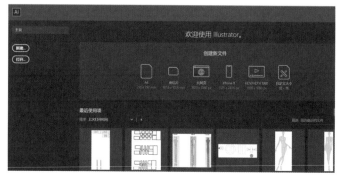

图 1-2　欢迎使用页面

■ 第一节　AI 的工作界面

在 AI 的欢迎页面中，点击"新建"后，就进入了"新建文档"的界面，如图 1-3 所示。在点击"创建"之前，要先在"未标题 -1"处输入文件名称，然后选择设计文件的大小和设置纸张的横向或竖向（在刚开始学习的时候，一般使用 A4 尺寸，文件设置为横向，更利于观察）。"出血"是印刷业的术语。有些设计为达到满版效果，需要加大设计以外尺寸的图案后再裁切下去，为了避免裁切后的设计露白边或裁到内容，一般会在设计尺寸基础上，四周加上 2 ~ 4mm 的预留，称为"出血"。在设计未成为产

图1-3 "新建文档"界面

品之前，"出血"的设置暂时可以不考虑。点击"创建"后，就进入了AI的工作界面。

AI的工作界面主要包括菜单栏、工具箱、控制栏、工作区、面板组等，如图1-4所示。后面我们将对各个部分进行详细介绍。

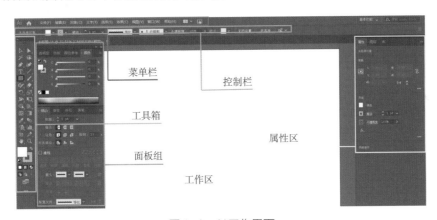

图1-4 AI工作界面

第二节 菜单栏

菜单栏位于界面最上部，包含"文件""编辑""对象""文字""选择""效果""视图""窗口""帮助"九个菜单，如图1-5所示。每个菜单都有下拉菜单，包含诸多命令，命令后的英文字母组合是对应的命令快捷键。下面主要介绍在服装设计中常用的命令。

图1-5　菜单栏

一、"文件"菜单

"文件"的子菜单中包含二十余个命令，其中文档的"新建""打开""存储""存储为"等命令比较常见，是许多电脑软件中的基本命令，但其中"置入"命令，可以将之前存储的、与AI不同格式的JPG文件置入文件中。"导出"命令能够将在AI软件中设计的文件，导出为其他格式的文件。"置入"和"导出"命令，如图1-6所示，是AI与其他绘图软件共享资源、协作设计的工具。

二、"编辑"菜单

"编辑"菜单包含文档编辑的操作命令，如"复制""粘贴"等命令，也是各种软件的常规命令，另外AI还特有"贴在前面""贴在后面""就地粘贴"等，如图1-7所示。这些命令通常使用快捷键来完成，命令后的英文字母组合即是快捷键。"编辑"菜单下的"首选项"命令，用来设置软件的文档参数。

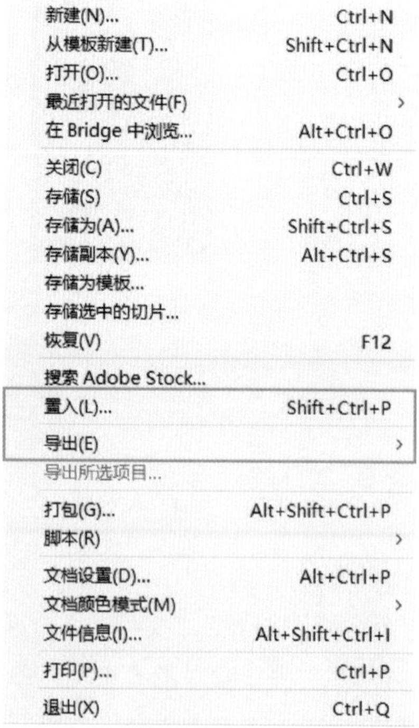

图1-6　"置入"和"导出"命令

图1-7　AI特有的文档编辑命令

三、"对象"菜单

"对象"菜单包含针对对象元素的操作命令，如图1-8所示。"对象"菜单中的命令，在服装设计的制图过程中，使用频率很高。

1. "变换"命令。"变换"命令可以将对象进行"移动""旋转""对称""缩放""倾斜"的操作，该命令因极其常用，所以也被编放在鼠标右键菜单中，如图1-9所示，使用右键菜单更方便、快捷。

2. "排列"命令。在设计过程中，常常有多个对象排列在页面上，AI系统默认后绘制的对象排列在上层。"排列"命令能够将对象的上下层级位置根据设计需求重新排序，该命令也是右键菜单中的一项，如图1-9所示。

3. "对齐"命令。"对齐"命令能够将同时选定的几个对象进行上、下、左、右以及中心的对齐处理。当选择工具同时选中两个以上对象时，"对齐"命令会自动显示在控制栏，如图1-10所示，直接点击控制栏中的图形命令更直观、更快捷。

4. "编组"和"取消编组"。这是一组对应命令，在单击右键后出现菜单中，根据当时需要显示其中一个命令。在制图过程中，经常会创建很多图形，或者使用几个简单图形组成一个复杂图形的情况，当需要对几个对象同时操作同一命令的时候，可以先使用"编组"命令将其编为一组，统一接受、执行命令，更方便、准确、快捷。编组后的各个对象仍然保持其

图1-8 "对象"菜单

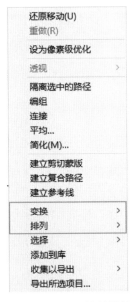

图1-9 鼠标右键菜单的 "变换""排列"命令

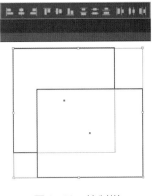

图1-10 控制栏

第一章 AI软件概述

005

原始属性。"编组"命令完成，发现有漏选对象或者其他情况，使用"取消编组"命令可以随时解散组合。

5. "锁定"和"全部解锁"。这也是一组对应命令，在进行比较复杂的图形编辑时，文档中的对象很多，如果对其中一个对象进行操作，极容易触碰到其他对象，无意地改变对象的性质，此时可以将不需要编辑的对象锁定。对象被锁定后，将不受操作指令的影响。如果需要对被锁定的对象进行处理，点击"解除锁定"命令，即可恢复对对象的编辑。

6. "隐藏"与"显示全部"命令。"隐藏"命令能够暂时将不需要的对象隐藏起来，需要的时候再使用"显示全部"命令将其显示出来。被隐藏的对象存在文档中，只是未显示，也无法选择和打印。被隐藏的对象在文档关闭再重新打开时，会重新出现。

7. "扩展"和"扩展外观"命令。"扩展"命令通过将描摹转换为路径，来达到调整对象的具体形状、颜色等目的。

"扩展"命令：除了在"对象"菜单下固定显示外，还在控制栏中不固定地显示，条件是在执行"图像描摹"命令后才会显示出来。

"扩展外观"命令：AI系统中，自行设计、存储的画笔，需要实施"扩展外观"命令后，才能使用其他命令进行编辑。

8. "路径"命令。"路径"命令主要用来编辑路径，具体编辑路径的方式有如下几种，如图1-11所示。

图1-11 "路径"命令

"连接"命令：通过将两个锚点连接起来，使断开的线段连接成一体。

"平均"命令：能够将选中的锚点排列在一条线上。

"轮廓化描边"命令：能够将路径转换为具有独立属性的填充对象，进行颜色、粗细、位置的改变。

"偏移路径"命令：能够根据设置参数将路径向内缩小或向外扩大，且缩小或扩大后的路径具有独立属性。

"反转路径方向"命令：能够将路径的起点与终点进行对调，一般使用特殊描边效果时，反转结果更明显。

"简化"命令：可以删除路径中多余的锚点，以达到减少细节的目的。

"添加锚点"命令：能够在不改变图形形态的基础上，快速为路径添加锚点。

"移去锚点"命令：能够在保持路径连续状态的基础上，将选中的锚点删除。

9. "图案"命令。"对象"菜单下的"图案"命令，主要用来在色板上建立新的"图案"，如图1-12所示。自行设计、建立的图案与色板中原有色块具有同样的填充功能。

图1-12　"图案"命令

10. "剪切蒙版"命令。"剪切蒙版"命令，因其十分常用，不仅在"对象"菜单下，还在右键菜单中显示，如图1-13所示。"剪切蒙版"命令，可以用一个简单的图形或文字，剪切另外一个图形，使另外一个图形的内容只显示在简单图形或文字的轮廓内，如图1-14、图1-15所示。

图1-13　"剪切蒙版"　　　图1-14　"剪切蒙版"命令运用（1）　　　图1-15　"剪切蒙版"命令运
命令　　　　　　　　　　　　　　　　　　　　　　　　　用（2）

四、"文字"菜单

"文字"菜单主要是针对字体进行编辑的菜单，如图1-16所示。但在实际制图过程中，设计师对文字的处理，大多通过使用工具箱中的"文字"工具和控制栏中的参数项以及属性面板中的命令来完成，比较方便快捷。

图1-16 "文字"菜单

五、"选择"菜单

"选择"菜单包含各种选择对象的命令，如图1-17所示。实际制图时，选择对象，一般通过工具箱中的"选择"命令和"直接选择"命令或快捷键来完成。

全部(A)	Ctrl+A
现用画板上的全部对象(L)	Alt+Ctrl+A
取消选择(D)	Shift+Ctrl+A
重新选择(R)	Ctrl+6
反向(I)	
上方的下一个对象(V)	Alt+Ctrl+]
下方的下一个对象(B)	Alt+Ctrl+[
相同(M)	>
对象(O)	>
启动全局编辑	
存储所选对象(S)...	
编辑所选对象(E)...	

图1-17 "选择"菜单

六、"效果"菜单

"效果"菜单下包含"Illustrator效果"和"Photoshop效果"两个部分。"Illustrator效果"下包含几个子菜单，如图1-18所示，可以对所选对象的外形形态进行改变。

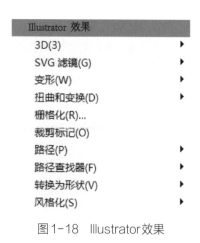

图1-18 Illustrator效果

"Illustrator效果"菜单下，有十种命令，其中在服装设计中比较常用到"3D"效果、"扭曲和变换"效果、"风格化"效果。"裁剪标记"在绘制服装结构图时很常用。"路径查找器"也很常用，但它在窗口菜单下有单独的面板，打开放在绘画区页面上，使用起来更加便捷。关于"路径查找器"面板，会在第四节面板组中专门介绍。

1. "3D"效果。"3D"效果的子菜单下有三种命令，"凸出和斜角""绕转"和"旋转"，如图1-19所示，使用这些命令可以将矢量的二维图形和位图创建

Adobe Illustrator 服装设计实例训练教程

出三维效果。在服装设计中，我们可以使用"3D"效果绘制服装效果图的立体效果。

图1-19 "3D"效果

2."扭曲和变换"效果。"扭曲和变换"子菜单中有"变换""扭拧""扭转""收缩和膨胀""波纹效果""粗糙化""自由扭曲"七种命令。如图1-20所示，这些命令下面还有各自的子菜单，子菜单中的每个命令改变对象的形态各异。形状的具体变化形态，通过每种效果对话框中的参数设置来实现，参数不同，形态变化程度也不同。

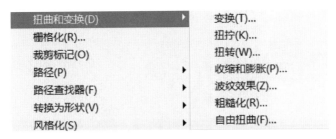

图1-20 "扭曲和变换"效果

3."风格化"效果。"风格化"子菜单中包含"内发光""圆角""外发光""投影""涂抹""羽化"六种命令，如图1-21所示。这些命令通过各自对话框中参数的设置，为对象赋予各种不同的装饰效果。

"Photoshop效果"菜单下，有十种命令，如图1-22所示，但实际具体可执行的子命令有四十余个。这些命令不仅可以制作出丰富的纹理和质感效果，而且使用方法非常简单，在各自的对话框中勾选"预览"后调整滑块，就可以看到不同参数下的对象的变化效果。达到意想中的效果后，确定即可。

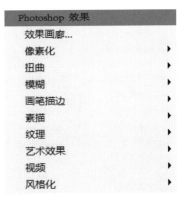

图1-21 "风格化"效果

图1-22 Photoshop效果

七、"视图"菜单

"视图"菜单包含当前文档显示内容和形态的相关命令，如图1-23所示，来帮助实现绘图过程中更精确的操作，如"显示透明度网格""显示实时上色间隙""智能参考线""对齐点"等命令。

八、"窗口"菜单

"窗口"菜单包含隐藏的操作面板，常用的"色板""描边""画笔""路径查找器""图层"等面板都隐藏在窗口菜单下，图1-24展示了部分面板内容。单击即可打开面板设置对应的各项参数。"窗口"菜单下的各个面板的功能将在第四节详细介绍。

轮廓(O)	Ctrl+Y
在 CPU 上预览(P)	Ctrl+E
叠印预览(V)	Alt+Shift+Ctrl+Y
像素预览(X)	Alt+Ctrl+Y
裁切视图(M)	
显示文稿模式(S)	
校样设置(F)	>
校样颜色(C)	
放大(Z)	Ctrl++
缩小(M)	Ctrl+-
画板适合窗口大小(W)	Ctrl+0
全部适合窗口大小(L)	Alt+Ctrl+0
实际大小(E)	Ctrl+1
隐藏边缘(D)	Ctrl+H
隐藏切片(S)	
锁定切片(K)	
隐藏画板(B)	Shift+Ctrl+H
显示打印拼贴(T)	
隐藏模板(L)	Shift+Ctrl+W
隐藏定界框(J)	Shift+Ctrl+B
显示透明度网格(Y)	Shift+Ctrl+D
标尺(R)	>
隐藏渐变批注者	Alt+Ctrl+G
显示实时上色间隙	
隐藏边角构件(W)	
隐藏文本串接(H)	Shift+Ctrl+Y
✓ 智能参考线(Q)	Ctrl+U
透视网格(P)	>
参考线(U)	>
显示网格(G)	Ctrl+"
对齐网格	Shift+Ctrl+"
对齐像素(S)	
✓ 对齐点(N)	Alt+Ctrl+"
新建视图(I)...	
编辑视图...	

图1-23 "视图"菜单

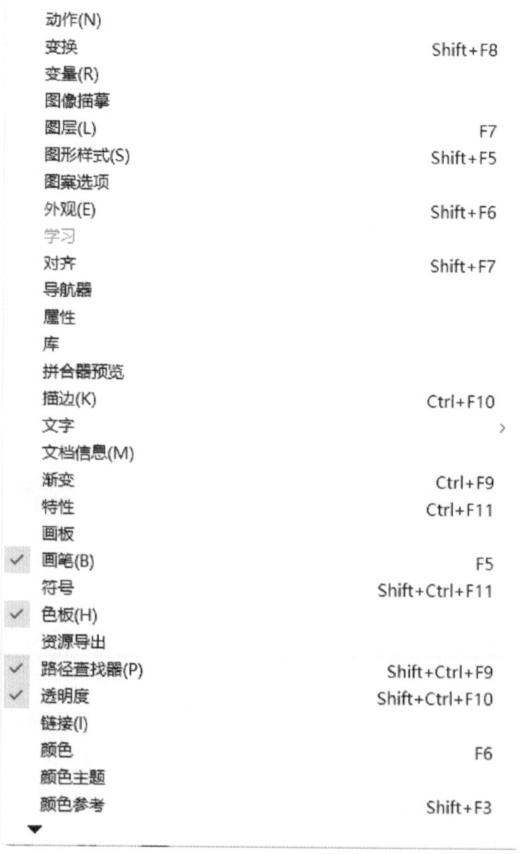

动作(N)	
变换	Shift+F8
变量(R)	
图像描摹	
图层(L)	F7
图形样式(S)	Shift+F5
图案选项	
外观(E)	Shift+F6
学习	
对齐	Shift+F7
导航器	
属性	
库	
拼合器预览	
描边(K)	Ctrl+F10
文字	>
文档信息(M)	
渐变	Ctrl+F9
特性	Ctrl+F11
画板	
✓ 画笔(B)	F5
符号	Shift+Ctrl+F11
✓ 色板(H)	
资源导出	
✓ 路径查找器(P)	Shift+Ctrl+F9
✓ 透明度	Shift+Ctrl+F10
链接(I)	
颜色	F6
颜色主题	
颜色参考	Shift+F3

图1-24 "窗口"菜单

第三节　工具箱和控制栏

Illustrator中的工具箱，集中了常用的工具，如图1–25所示。工具箱默认在窗口左侧，其中很多工具是以工具组的状态存在，多数工具组是同类型工具的集合，一般情况下只显示一种工具。鼠标左键单击工具图标右下方的小三角图标◪，隐藏的工具就会全部显示出来，如图1–26所示。鼠标光标放在工具上方时，就会显示工具的具体名称。

Illustrator工具箱工具的具体参数常常在控制栏中设置。控制栏在菜单栏下方，绘画区上方，且控制栏不是固定不变的，它随着所选择工具的不同而变化，如图1–27、图1–28所示，显示的是“路径”属性和“锚点”属性。

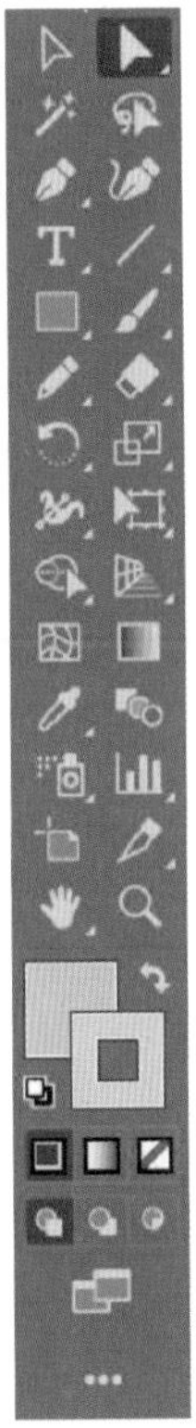

图1–25　Illustrator工具箱

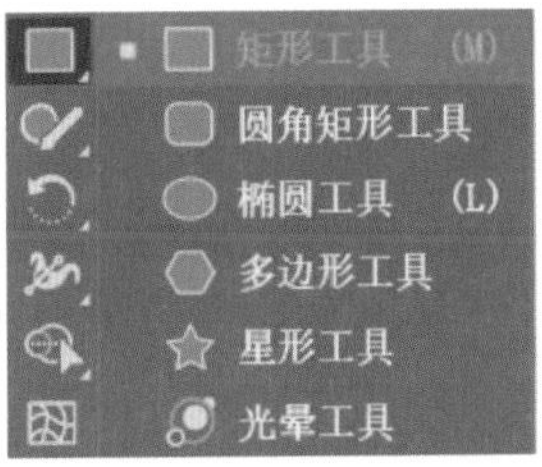

图1–26　工具组

图1–27　“路径”属性

图1–28　“锚点”属性

一、“选择工具”

“选择工具”常称为“小黑”，图标为▶，可用来选择整个对象。对象被选定后，针对对象的操作指令才能执行。“选择工具”除了有选定对象的功能，还有其他的功能。

1.选择一个对象。“选择工具”选择对象的时候，只需要鼠标左键在目标对象上单击即可。对象被选定后，显示如图1–29所示的状态。

2.加选多个对象。“选择工具”还可以通过加选来选定多个对象，具体方法是按住

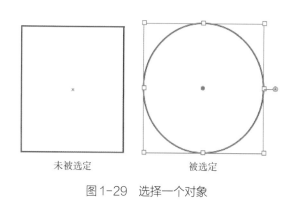

未被选定　　　　　　　被选定

图1-29　选择一个对象

Shift键，鼠标左键点击目标对象，可以同时选定多个对象，如图1-30所示。在被选中的对象上按住Shift键再次单击，就可以取消选定。

3.框选多个对象。按住鼠标左键拖拉，此时会出现一个蓝色虚框，松开鼠标左键，如图1-31所示，在虚框内的对象都被选定。这种方法能够快速选择多个相邻的对象。

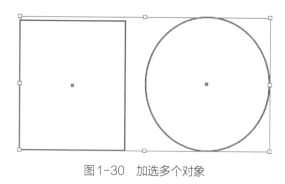

图1-30　加选多个对象

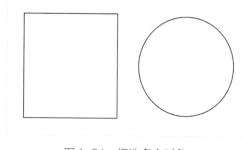

图1-31　框选多个对象

4.移动对象。"选择工具"选定对象后，鼠标光标下方有移动图标 ⊞ 出现，如图1-32所示，按住鼠标左键拖拉，可以移动对象位置。

5.放大或缩小对象。"选择工具"选定对象后，鼠标光标放在对象的任何一角，光标变成向内向外的双向箭头，如图1-33所示，按住鼠标左键，向外或向内拖拉，可以改变对象大小。

6.将直角矩形变成圆角矩形。"选择工具"可以将使用矩形工具绘制出的直角矩形变成圆角矩形，方法是鼠标左键点按住矩形内角处的小圆向内拖动，直角矩形的角变成圆角，如图1-34所示。拖动的幅度越大，圆角越圆滑，如果是正方形，可以将正方形变成正圆。

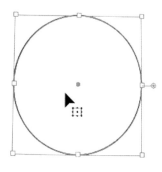

图1-32　移动对象

图1-33　放大或缩小对象

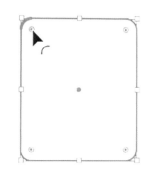

图1-34　将直角矩形变成圆角矩形

"选择工具"除了具有上述功能，还可以配合控制栏，设置内部填充色 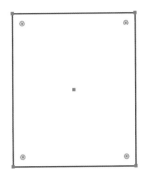、描边色彩 、描边粗细 、等比 等参数。

二、"直接选择工具"

"直接选择工具"常被称为"小白"，图标为 ，它与"选择工具"的不同之处在于，"选择工具"是选中整个形状，进行移动、变大变小等操作，而"直接选择工具"是选中路径中的全部锚点或单个锚点，移动来调整图形的形态。

使用"直接选择工具"选择某个图形，图形的中心点和四角都是蓝色实心小方框，如图 1-35 所示，此时"直接选择工具"也能够发挥移动的效用。

使用"直接选择工具"选中图形的两个点（两个点是蓝色实心小方框），按住鼠标左键拉动，则两个点同时移动，如图 1-36 所示。

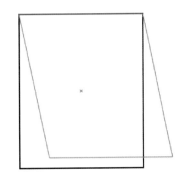

图 1-35 "直接选择工具"的移动效用（1）　　图 1-36 "直接选择工具"的移动效用（2）

"直接选择工具"选中图形的一个点，按住鼠标左键拉动，则可以改变图形的形态，如图 1-37 所示。

"直接选择工具"拉动图形变化时，原图形是直线图形，则拉动的线条也是直线，原图形是曲线图形，拉动的线条则是弧线，如图 1-38 所示。

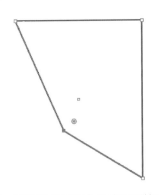
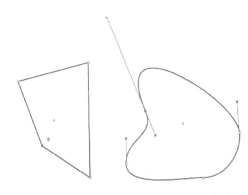

图 1-37 "直接选择工具"改变图形的形态（1）　　图 1-38 "直接选择工具"改变图形的形态（2）

"直接选择工具"的控制栏与"选择工具"的控制栏不同，主要是关于改变锚点的命令 ▦，如 ▦，是将选中锚点位置的线段进行折线或圆滑曲线的设置；如 ▦，是当锚点被选中时，锚点两侧出现的手柄，将手柄拉长、缩短或移动位置，都会使锚点两侧的线段发生改变；如 ▦，▦是将选中的锚点删除，▦是将两个不连接的锚点连接在一起，▦是将线段从选定的锚点处断开。通过这些命令，可以对图形的边线形态进行各种改变，从而达到设计意图。

工具组中的另一个工具是"编组选择工具"，它可以同时选择多个对象，与"选择工具"的框选功能类似。

三、"魔棒工具"

"魔棒工具"的作用与Photoshop（简称PS）中的魔棒工具一样，都是通过使用魔棒选取相同颜色的区域，也可以按住Shift键，加按鼠标左键进行加选。

四、"钢笔工具组"

"钢笔工具组"包含"钢笔工具" ▦、"添加锚点工具" ▦、"删除锚点工具" ▦、"锚点工具" ▦，在服装设计中，前三个工具比较常用。

"钢笔工具"的图标就像钢笔一样，在软件中用来绘制图形，可以绘制直线，也可以绘制曲线。绘制直线的时候，鼠标左键在页面上点击后再点击，即将直线绘制出来；绘制曲线的时候，鼠标左键在页面上第二次点击后不松开，轻轻拖动鼠标，直线随着鼠标的移动，变成有弧度的曲线。想要结束线段的绘制，只需按住Ctrl键，鼠标左键在页面空白处单击即可。

"添加锚点工具"和"删除锚点工具"，都是为配合"钢笔工具"绘制图形而存在的命令。点选"添加锚点工具"，鼠标左键在图形边框上单击，就添加了锚点。添加锚点并不能直接改变图形的形状，还需要配合"直接选择工具"移动锚点位置，才能改变图形的样貌；点选"删除锚点工具"，鼠标左键在锚点上单击，锚点直接被删除，删除锚点也能直接改变图形形状。

五、"文字工具组"

"文字工具组"包含"文字工具" ▦、"区域文字工具" ▦、"路径文字工具" ▦、"直排文字工具" ▦、"直排区域文字工具" ▦、"直排路径文字工具" ▦、"修饰文字工具"七个有关文字排列的工具，配合控制栏的"字符" ▦，这些工具可调整文字摆放姿态。

1. "文字工具"。点击使用"文字工具"后，鼠标左键在页面上单击，会出现被选定状态的文字，如 滚滚长江东逝水 ，这是占位符，在控制栏将文字的字体和字号选定后，删除占位符再输入文字或直接输入文字都可以。

2. "区域文字工具"。点选使用"区域文字工具"后，鼠标左键点击一个图形，则输入的文字自动排列在图形内部，如图1-39所示。

3. "路径文字工具"。点选使用"路径文字工具"后，鼠标左键点击一个图形，则输入的文字自动沿图形边框外排列，且字体底部挨着图形边线，如图1-40所示。

4. "直排文字工具"。点击使用"直排文字工具"后，输入的文字是以垂直排列的方式显示的，如图1-41所示。

图1-39 "区域文字工具"效果

图1-40 "路径文字工具"效果

图1-41 "直排文字工具"效果

5. "直排区域文字工具"。点选使用"直排区域文字工具"后，鼠标左键点击一个图形，则输入的文字自动排列在图形内部，且字体是按照垂直方向排列，如图1-42所示。

6. "直排路径文字工具"。点选使用"直排路径文字工具"后，鼠标左键点击一个图形，则输入的文字自动沿图形边框排列，文字左侧挨着边线，其方向是变化的，如图1-43所示。

图1-42 "直排区域文字工具"效果

图1-43 "直排路径文字工具"效果

六、"直线段工具组"

"直线段工具组"包含"直线段工具" ✎、"弧形工具" ⌒、"螺旋线工具" ◎、"矩形网格工具" ▦、"极坐标网格工具" ◉，服装设计中比较常用"直线段工具"和"弧形工具"，用来绘制直线段和弧线。

七、"矩形工具组"

"矩形工具组"包含"矩形工具" ▣、"圆角矩形工具" ▢、"椭圆工具" ◯、"多边形工具" ⬡、"星形工具" ✦ 和"光晕工具" ◉。除了"光晕工具"，其他都是绘制基础图形的工具，它们在没有具体数据要求的情况下，按住鼠标左键拖拉，即可绘制出图形；如果绘制时，再加按Shift键辅助，则图形为正方形、正圆等正图形。如果设计的图形有具体的尺寸要求，选中工具后，鼠标左键点击页面，在弹出的对话框中输入数据，即可绘制出符合尺寸要求的图形，如图1-44所示。

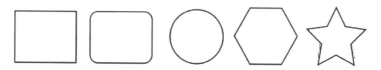

图1-44 "矩形工具组"中的基础图形

"光晕工具"虽然与基础图形一组，但它却是一个效果工具，能为绘制好的对象增添光晕效果。选用"光晕工具"，鼠标左键在页面空白处单击，将其移到填充了橙色的圆中，与未加光晕效果的图形对比，如图1-45所示。

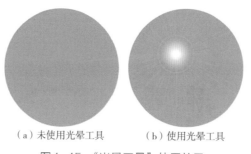

（a）未使用光晕工具　　　　（b）使用光晕工具

图1-45 "光晕工具"使用效果

八、"画笔工具组"

"画笔工具组"中只有"画笔工具" ✎ 和"斑点画笔工具" ✑。"画笔工具"能够绘制随意变化方向的路径，且配合"画笔面板"，可以绘制出千姿百态的效果。"斑点画笔工具"绘制的不是路径，而是一个带有填充的图形，且斑点画笔绘制两个图形相连时，两个图形可以自动连接成一个图形。

九、"铅笔工具组"

"铅笔工具组"包含"Shaper工具" 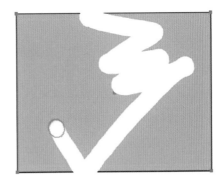、"铅笔工具"、"平滑工具"、"路径橡皮擦工具"、"连接工具"，主要用来绘制、擦除、连接、平滑路径等。

1."Shaper工具"。"Shaper工具"可将粗略画出的几何图形自动生成精准的几何形，但只能绘制几种几何形，且几何形状可以使用基础图形工具组中的工具来完成，所以在服装设计中使用不多。

2."铅笔工具"。"铅笔工具"可以像画笔工具一样绘制图形，还能够对绘制好的图形进行调整，以及连接两条不相连的路径。使用其绘制手绘效果的服装效果图非常方便。

3."平滑工具"。"平滑工具"能够快速将所选的原本尖锐的路径变平滑。

4."路径橡皮擦工具"。"路径橡皮擦工具"可以擦除路径上的部分区域。

5."连接工具"。"连接工具"能够将两条开放的路径连接起来和修改不完美路径，还具有将多余路径删除并保留路径原有形态的功能。

十、"橡皮擦工具组"

"橡皮擦工具组"包含"橡皮擦工具"、"剪刀工具"和"刻刀"，主要用于擦除、切断和断开路径。

1."橡皮擦工具"。无论图形是否被选中，使用"橡皮擦工具"后，光标移动范围内的路径都可以擦除。如果是对象被选中的状态，擦除的是光标移动范围内的对象部分；如果未选择任何对象，直接使用橡皮擦工具，则光标移动范围内的所有路径都被擦除，如图1-46所示。使用方法是选中"橡皮擦工具"后，按住鼠标左键在图像上拖拉即可。

2."剪刀工具"。"剪刀工具"主要用来切断路径或将对象变为断开的路径，断开后的每个部分都是独立个体，具有独立属性，可各自编辑。使用方法是：选中"剪刀工具"后，鼠标左键在路径上点击两点，则两点间即被剪开，用"选择工具"移动其中一部分即将图形分割开，如图1-47所示。"剪刀工具"只能用直线分割图形。

图1-46 "橡皮擦工具"

3. "刻刀"。"刻刀"能够以任意分割线将一个对象划分为多个部分,与"剪刀工具"相比,剪刀用直线分割对象,刻刀则用随意画出的线分割对象,如图1-48所示。"刻刀"也可以用直线分割图形,操作时按住Alt键即可。

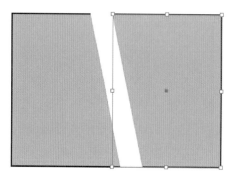 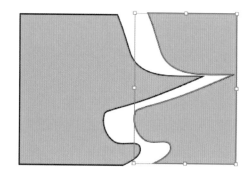

图1-47 "剪刀工具"　　　　　　　图1-48 "刻刀"

十一、"旋转工具组"

"旋转工具组"包含"旋转工具" 🔄 和"镜像工具" 🔃 ,它们都是变换对象形态的工具。使用时,不仅能够通过按住鼠标左键拖动的方式进行变换,双击工具,还可以打开对应的对话框,设置精准数值进行变换。

1. "旋转工具"。"旋转工具"能够以对象的中心点为轴心进行旋转,可以在对话框中设置精准的旋转方向和角度。另外,对象的旋转是围绕着中心点进行的,移动中心点,旋转后的位置也会不同。

2. "镜像工具"。"镜像工具"能够将对象沿水平或垂直方向翻转,制作对称的图形。镜像工具在制图过程中的使用频率很高,尤其在设计图案的时候。

十二、"比例缩放工具组"

"比例缩放工具组"包含"比例缩放工具" 🔲 、"倾斜工具" 📐 和"整形工具" 🔧 。

1. "比例缩放工具"。"比例缩放工具"可以对图形大小进行任意的缩放。单击"比例缩放工具",同时按住Shift键和鼠标左键拖动,即可将所选对象按原始尺寸的比例缩放改变;双击"比例缩放工具",比例缩放的对话框弹出,设置"等比"的参数项数值,即可使对象按比例缩放。

2. "倾斜工具"。"倾斜工具"能对所选对象沿水平或垂直方向进行倾斜处理,也可以通过设置特定角度使对象倾斜。同"比例缩放工具"一样,单击"倾斜工具",使用鼠标左键拖动即可使对象倾斜;双击"倾斜工具",即可调出对话框,在其中设置参数也能够将对象倾斜。

3. "整形工具"。"整形工具"可以通过在路径上加控制点拖拉，来改变矢量图形的形状。

十三、"宽度工具组"

"宽度工具组"中有八个工具，不仅具有对矢量图形的外形进行变形的能力，而且部分工具可以对位图进行操作处理，分别是："宽度工具" ![icon]、"变形工具" ![icon]、"旋转扭曲工具" ![icon]、"缩拢工具" ![icon]、"膨胀工具" ![icon]、"扇贝工具" ![icon]、"晶格化工具" ![icon]和"皱褶工具" ![icon]。这些工具的使用也很简单，单击工具后，鼠标左键在路径上拖拉即可使图形发生变化；双击工具，即可在弹出的对话框中通过设置参数使图形变化。

1. "宽度工具"。"宽度工具"可以随意调整路径上各部分的宽度，通常用来制作粗细不同的描边。如图1-49所示，同样的图形，经"宽度工具"在图形路径上点击后，原本粗细均匀的描边变为宽窄不同的效果。

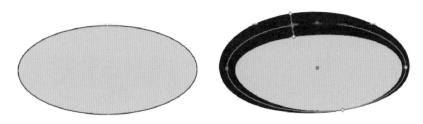

图1-49 "宽度工具"使用效果

2. "变形工具"。"变形工具"能够使对象按照鼠标移动的方向变形，该工具不仅能够变化矢量图形，还可以使嵌入的位图图像变形，如图1-50所示。

3. "旋转扭曲工具"。"旋转扭曲工具"对矢量图形和位图图像，都能产生旋转的扭曲变形效果。如图1-51所示为JPG格式的位图图像，原图与经过"变形工具"处理与"旋转扭曲工具"处理的图形对比。

4. "缩拢工具"。使用

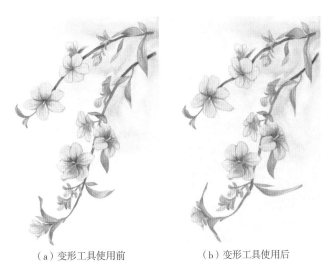

（a）变形工具使用前　　　　　（b）变形工具使用后

图1-50 "变形工具"使用效果

（a）旋转扭曲工具使用前　　　　　（b）旋转扭曲工具使用后

图1-51　"旋转扭曲工具"使用效果

"缩拢工具"在图形边缘拖拉，无论是矢量图形还是位图图像，都能使其产生向内收缩的变形效果，如图1-52所示。

5."膨胀工具"。"膨胀工具"在矢量图形或者位图图像的边缘拖拉，都能使其产生膨胀的效果，如图1-53所示。

6."扇贝工具"。"扇贝工具"对矢量图形和位图图像，都能使其产生锯齿变形的效果，图1-54是"扇贝工具"处理后的图形效果。在服装款式图的绘制中，常使用"扇贝工具"绘制褶皱线。

7."晶格化工具"。无论是矢量图形还是位图图像，用"晶格化工具"由内向外地推拉，都能使图形边缘产生延伸出芽状的变形效果，如图1-55所示。在服装款式图的绘制中，常使用"晶格化工具"模拟绘制皮草面料的边缘。

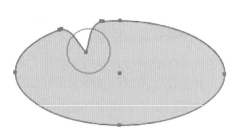 

图1-52　"缩拢工具"使用效果　　　　图1-53　"膨胀工具"使用效果

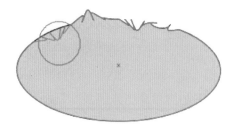 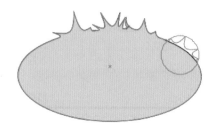

图1-54　"扇贝工具"使用效果　　　　图1-55　"晶格化工具"使用效果

8."皱褶工具"。无论是矢量图形还是位图图像，"皱褶工具"都能使其边缘线产生波浪线的效果，如图1-56所示。

图1-56 "皱褶工具"使用效果

十四、"自由变换工具组"

"自由变换工具组"包含"自由变换工具" ⟦⟧ 和"操控变形工具" ⟦⟧。

"自由变换工具"能够直接将对象进行缩放、旋转、倾斜、扭曲等操作，配合自由变换的隐藏工具，自由变换小面板，可以将对象做等比缩放、按透视效果变形及自由扭曲变形等效果的操作。

十五、"形状生成器工具组"

"形状生成器工具组"包含"形状生成器工具" ⟦⟧、"实时上色工具" ⟦⟧ 和"实时上色选择工具" ⟦⟧。

1. "形状生成器工具"。该工具可以在多个重叠的图形间迅速得到新图形。方法是先把要组合的图形全部选中，然后点击选用"形状生成器工具"，按住鼠标左键在各个图形间拖拉，即可将多个图形组合为一个新图形，如图1-57所示。

图1-57 "形状生成器工具"使用效果

2. "实时上色工具"。该工具能够对多个对象的交叉区域进行颜色各异的填充，如图1-58所示。

3. "实时上色选择工具"。该工具的使用方法是，先将需进行实时上色处理的图形全部选中，然后点选"实时上色工具"，在"色板"选取一种颜色后，鼠标左键在图形交叉的区域点击，点击的区域即被选取的颜色填充。重复上述操作，再选择不同的颜色填充不同区域。

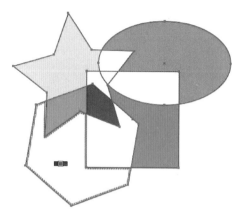

图1-58 "实时上色工具"使用效果

十六、"透视网格工具组"

"透视网格工具组"包含"透视网格工具"▦和"透视选区工具"▸。此工具在服装设计中极少使用，如果无意间打开，可以在菜单栏"视图"的下拉菜单中将其关闭。

十七、"网格工具"

"网格工具"▦是一种多点填色工具，能够为对象填充复杂的颜色，还可以通过对图形边缘处的网格线进行移动，来改变对象的外形。"网格工具"通过鼠标左键在路径上点击，为对象添加无规律的网格，然后设置网格点的颜色，网格点上的颜色会与周围颜色产生一定程度的过渡效果，从而产生丰富的色彩，如图1-59所示。

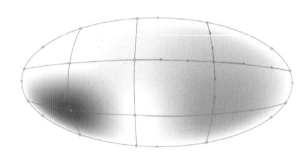

图1-59 "网格工具"使用效果

十八、"渐变工具"

"渐变工具"▮是将一种颜色过渡到另一种颜色的工具。在AI中，渐变色的填充常常使用渐变面板，下节面板组中会详细介绍使用方法。

十九、"吸管工具组"

"吸管工具组"中有两个完全不相干的工具："吸管工具"🖋和"度量工具"🖋。

"吸管工具"能够吸取其他矢量对象的属性与颜色，并快速赋予目标对象。"吸管工具"能吸取图形的描边式样、填充颜色，还能吸取文字对象的字符属性和段落属性，甚至位图中的色彩。

二十、"混合工具"

"混合工具" 不仅能够将一个形状根据设置的步数渐变为另一个形状，而且图形的颜色也能随之渐变，如图1-60所示。"混合工具"的使用方法是，在两个图形上分别单击，即可创建混合效果。通过双击"混合工具"，在弹出的"混合选项"对话框中，设置间距为"指定的步数"，然后设置适合的步数，如图1-61所示，确定后即可得到设计效果。

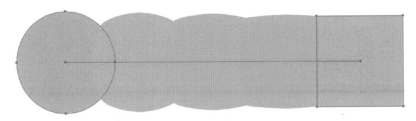

图1-60 "混合工具"使用效果

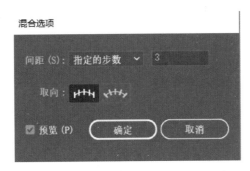

图1-61 "混合工具"中步数的设置面板

二十一、"符号喷枪工具组"

"符号喷枪工具组"中包含八个工具："符号喷枪工具" 、"符号移位器工具" 、"符号紧缩器工具" 、"符号缩放器工具" 、"符号旋转器工具" 、"符号着色器工具" 、"符号滤色器工具" 和"符号样式器工具" 。其中，"符号喷枪工具"在画面中需要添加大量符号时使用，其他工具在对符号形态进行调整时使用。

二十二、"柱形图工具组"

"柱形图工具组"中包含九种类型的图表工具，可以绘制各种图表，直观、明确地展示数据。

二十三、"画板工具"

在AI软件中，页面内在常态下只有一张画板。如果绘制的图形数量较大，画板上的容纳空间不足，就可以使用"画板工具" ，在原画板下方再绘制多个画板，来增大绘制空间。增加画板的方法也很简单，点选"画板工具"后，按住鼠标左键拖动，松开鼠标后画板就被画出来，拖拉虚线边框上的空心小方框即可调整画板的大小，如图1-62所示。

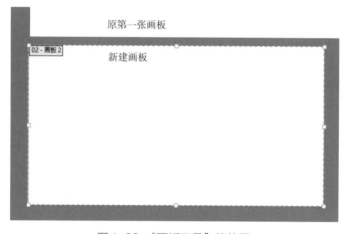

图1-62 "画板工具"的使用

二十四、"切片工具组"

"切片工具组"包含"切片工具" 和"切片选择工具" 。这两个工具配合使用，可以将普通图片变成Dream Weaver可编辑的网页格式，切片后的图片变成若干小块，并以表格的形式加以定位和保存。被切片后的图片变小，可以更快地在网络上传播，使网页浏览更顺畅。

二十五、"抓手工具"

"抓手工具" 用来对页面进行上、下、左、右的移动，便于观察设计细节。"抓手工具"的快捷键是键盘上的空格键。在绘制图形的过程中，按住空格键，在使用其他工具的状态下直接切换到"抓手工具"状态，松开空格键则自动恢复为之前的使用工具。实际操作中，使用快捷键非常方便。

二十六、"缩放工具"

"缩放工具" 🔍，可以将画面显示比例放大或缩小。点击选用"缩放工具"，放大时，鼠标左键在页面中单击即可放大图像，快捷键是"Ctrl+ +"；缩小时，按住 Alt 键，光标会变成中心带减号的放大镜，鼠标左键在页面中单击即可缩小图像，快捷键是"Ctrl+ –"。设计实践中的"放大"和"缩小"常常使用快捷键。

二十七、"填色与描边工具组"

"填色与描边工具组"中的工具比较复杂，如图1–63所示，包含"填色、描边工具" 🔳、"填色、描边转换工具" 🔁、"填色" 🔳、"渐变填色" 🔳 和"无填色" 🔳。

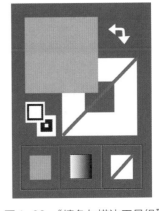

1. "填色、描边工具"。"填色"是指给图形的边框内但不包含边框的内部填上颜色。"描边"是填充图形的边框颜色。当需要填充内部颜色，即用鼠标左键点击"填色"，"填色"图标即跳到"描边"前面 🔳；需要选择描边颜色，即用鼠标左键把"描边"调到前面 🔳。

2. "填色、描边转换工具"。点击该工具，可以直接将内部的填充颜色与描边颜色互换。

图1-63 "填色与描边工具组"

3. "渐变填色"。该工具既可以将内部填充色填为渐变色，也可以将描边色填为渐变色。

4. "无填色"。点击该工具，表示将选定的填色或描边设置为透明色。

◼ 第四节 面板组

使用各种面板设置对象参数来达到设计意图，是AI独具特色的地方。面板隐藏在窗口菜单下，如图1-64所示，鼠标左键单击面板名称，面板即显示在桌面上。窗口菜单下涉及设置对象参数的面板多达三十多个，仅设置颜色方面的面板就有色板、颜色、颜色参考、颜色主题，如图1-65所示。面板组能够全方位地对对象的各项参数进行设置。

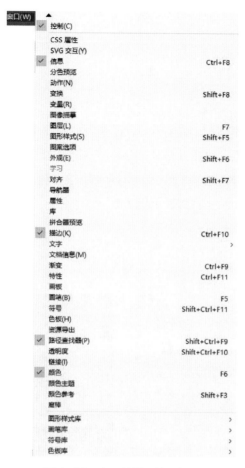

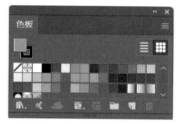

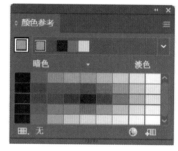

图1-64　窗口菜单下的面板　　　　　　图1-65　设置颜色方面的面板

下面我们介绍在进行服装设计绘制时常用的面板。

图1-66　"描边"面板

一、"描边"面板

"描边"面板能够对对象的边框进行粗细、样式等的设置，如图1-66所示。在"描边"面板上，可以在"粗细"后选项根据需求选择边框的尺寸，在"端点"后选择一条开放线段的端点样式，在"边角"选项后选择路径拐角部分的样式，用"对齐描边"来选择描边在路径的中部、内部还是外部，还可以将描边的线型设置为虚线效果，虚线的长度、间隙大小都可以通过"描边"面板进行设置。

二、色彩面板

为对象设置色彩的面板包含"色板"面板、"颜色"面板、"颜色参考"面板等。

1. "色板"面板。"色板"面板如图 1-67 所示，使用方法非常简单。"色板"面板左上角的图标■，点击确定设置的是图形的填充色或描边色（方法与工具箱中"填色、描边工具"的使用方法相同，哪个在上层，就是设置哪部分的颜色），然后鼠标左键单击下方的色块，即为对象填充了新的颜色。"色板"面板不只有显示的颜色，面板左下角的"色板库"菜单■，点击打开后，如图 1-68 所示，库里有分类别的色彩色板，点击选取即可使用。"色板"面板中还可以根据自身需求建立自己的色板库。图案设计完成后，点击面板右上角的"色板选项"符号■，打开下拉菜单，点击"新建色板"，如图 1-69 所示，在弹出的"新建色板"对话框中，可以设置色板名称、颜色类型及重新定义颜色，确定后就在色板中添加了新的色块。新色块的性能与色板中系统自带的色块性能是一致的。

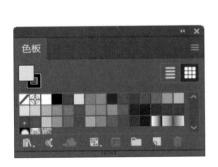

图 1-67 "色板"面板

图 1-68 "色板库"菜单

图 1-69 新建色板

2. "颜色"面板。"颜色"面板是对"色板"面板的颜色补充。"颜色"面板上的颜色选择，有两种方法。一种是感性的，用鼠标左键在拾色器上，单击自己选择的颜色，即可得到单击点的色彩，色彩的纯度、明度都是凭感觉和经验选择，如图 1-70 所示。另一种色彩的选择是理性的，通过设置 C、M、Y、K 的精准数值来实现。"颜色"

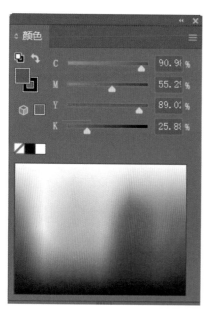

图1-70 "颜色"面板

面板上不仅有可以快速设置透明色、黑白色 ■■■ 的图标，还有"颜色选项" ≡ 的下拉菜单中的命令，能使用不同的颜色模式设置颜色、设置反向颜色、设置补色等命令，是对颜色选择的补充。

3."颜色参考"面板。"颜色参考"面板是"色板"和"颜色"面板功能的延伸，"颜色参考"面板上的色彩是动态的，当在"色板"或"颜色"面板上选中一种颜色时，"颜色参考"面板会自动给出被选择颜色的向黑过渡的四种颜色和向白过渡的四种颜色，排列的就像是色彩的明度变化表，如图1-71所示，这样的设置使颜色的选择更加快捷、方便。在打开面板排列在页面上的时候，将这三个面板排列在一起，如图1-72所示，使用起来更加方便。

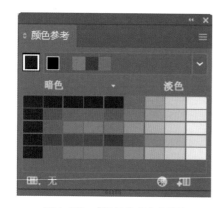

图1-71 "颜色参考"面板

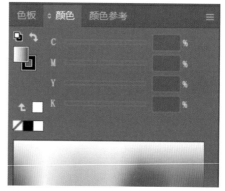

图1-72 三个面板共同排列

三、"渐变"面板

"渐变"面板可以对渐变类型、颜色、角度等参数进行设置，如图1-73所示，为对象填充渐变色彩。

渐变的"类型"分为"线性渐变" ■、"径向渐变" ■ 和"任意形状渐变" ■。"线性渐变"是渐变色从左端向右端的水平变化；"径向渐变"是渐变色从中心向边缘的发散变化；"任意形状渐变"是几种色彩随着画面中的圆点的移动而相互间渐变变化，色彩极丰富，如图1-74所示。

图1-73 "渐变"面板

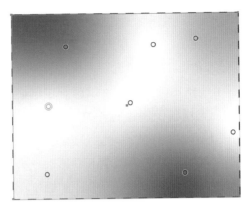

图1-74 "任意形状渐变"

"渐变"面板上的渐变色默认为从黑色渐变到白色,通过在渐变条上添加颜色,可以改成任意颜色间的渐变以及设计多个颜色的渐变,如图1-75所示。各个颜色的宽窄,由滑动条上各个颜色间距的远近决定;颜色所在位置,通过渐变滑块来设置。

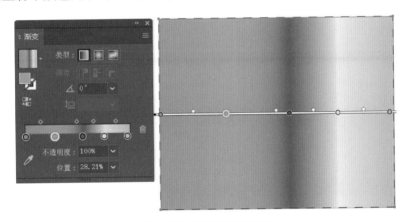

图1-75 渐变的设置方法

在"角度"后输入度数,渐变色就按照角度度数排列,如图1-76所示。

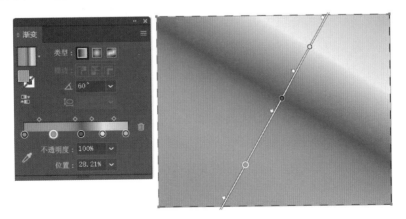

图1-76 "角度"的使用

四、"画笔"面板

如图1-77所示，在"画笔"面板上，不仅能够直接使用面板上的常用画笔，还可以打开位于面板左下角的画笔库，选用其中保存的各种风格的画笔笔尖。"画笔"面板不但能够存放、删除最近使用过的画笔，还可以在右上角的画笔选项菜单下，通过点击新建画笔、存储画笔库等命令，将自行设计的画笔存储。自行存储的画笔与系统中自带的画笔具有相同的功能。"画笔"面板在绘制服装设计效果图和款式图时极其常用。

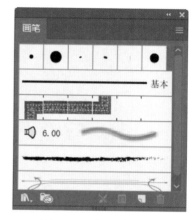

图1-77　"画笔"面板

五、"路径查找器"面板

如图1-78所示，使用"路径查找器"面板，可以对重叠的对象进行相加、相减、提取交集、排除交集等操作，从而得到新的对象。"路径查找器"面板的使用率极高，在进行服饰设计、服装图案设计时经常用到。

图1-78　"路径查找器"面板

六、"符号"面板

"符号"面板中的符号，是可以大量重复并快捷添加到画面中的图形。在符号面板上只显示少量符号，如图1 79所示。不同类型的符号在符号库菜单 中，点击即可使用。另外，"符号"面板上还可以新建、存储自行设计的符号。自行设计的符号，不但一次存储，终身使用，而且功能与系统中自带的符号相同。

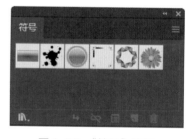

图1-79　"符号"面板

使用符号库中的符号，先点击选中的符号，符号会出现在"符号"面板上，鼠标左键拖拉符号到页面上，点击"符号"面板上的"断开连接"图标 ，符号才能被编辑。

大量使用及对符号形态进行调整，需要配合工具箱中"符号工具组"中的工具来完成。

七、"图像描摹"面板

"图像描摹"能够将位图转换为矢量图,转换后的矢量图经"扩展"操作后,才能够进行调整路径、填色等编辑。当"置入"的位图处于被选中状态,控制栏上会显示处理图像的各种参数,如图1-80所示。"传统图案-1"是图像的名称,"CMYK"是图像的色彩参数,"取消嵌入"表示图像进入AI的状态是"嵌入"模式。"图像描摹"是即将对图像转换的模式,它的下拉菜单,如图1-81所示,选择其中一种适合的描摹效果单击,软件即对图像进行处理。"裁剪图像"可以将图像多余的部分剪裁掉。这是比较简单快捷的"图像描摹"。

"图像描摹"面板如图1-82所示,在"预设"项中包含了控制栏"图像描摹"的下拉菜单中的内容,同时还可以通过准确输入"阈值"参数来决定描摹效果。一般阈值越大,图形中黑色所占面积越大,阈值越小,白色所占面积越大。

图1-80 被选中位图的参数

图1-81 "图像描摹"下拉菜单

图1-82 "图像描摹"面板

八、"透明度"面板

透明度的设置,主要是利用顶层对象的透明程度,来实现对象融合效果的制作。除了"透明度"面板,控制栏中也有设置透明度的栏目 不透明度:100% ,直接输入参数,即可得到想要的效果。"透明度"面板上,混合模式除"正常"项以外,还有"正片叠底"等多种混合模式,如图1-83所示,这些模式的使用,使对象的融合效果更加丰富。

图1-83 "透明度"面板

在介绍部分面板组后，我们来学习AI工作区的设置。在第一节中我们介绍了AI的工作区主要包括菜单栏、工具箱、控制栏、绘画区、面板组等，这些工作区域可以按照个人的工作习惯进行设置摆放。当打开AI软件时，工作界面的右上角"基本功能"项，点击即弹出下拉菜单，如图1-84所示。下拉菜单中的"传统基本功能"项，其"高级"界面形式与"基本功能"的"高级"形式一样，但是二者的"基本"形式不同。当选择"传统基本功能"项时，工具箱是双排摆放工具；当选择"基本功能"项时，工具箱是单排摆放工具。另外，"传统基本功能"的界面中有控制栏显示，"基本功能"的界面不显示控制栏。我们可以根据个人的制图习惯在"窗口"菜单下对其进行选择，如图1-85所示。

图1-84 "基本功能"下拉菜单

图1-85 对工具栏的选择

除了选择"基本功能"，还可以自行设置功能界面。在"基本功能"了菜单下，有"新建工作区"命令，单击后会弹出"新建工作区"的对话框，如图1-86所示。在对话框中首先设置工作区名称，确定后在"窗口"菜单下将常用的面板都打开，使其显示在页面中，拖动一个工作面板到工具箱右侧，当工具箱右侧出现蓝色光标时，松开鼠标左键，面板被安放在这个区域。再逐一拖动其他面板至之前放置好的面板旁边，蓝色光标出现，松开鼠标左键，新拖过来的面板会自动对齐先摆放的面板，如图1-87所示。

摆放面板时，注意要按照一定的规律，如"色板"面板与"颜色"面板及"颜色参考"面板放在一栏中，便于配合使用。将常用的面板，如"路径查找器"面板、"描边"面板、"画笔"面板、"渐变"面板、"符号"面板等摆放在"色板""颜色"面板

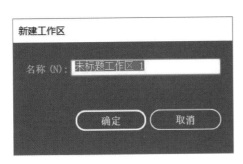

图1-86 "新建工作区"对话框

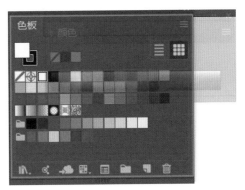

图1-87 工作面板的安排

的下方，如图1-88所示。需要使用相关面板时，直接鼠标左键点击即可使用。这种面板摆放排序就是"新建工作区"的形态，会存在于"基本功能"的子菜单下，即使关闭软件，再打开时，只要点击设置的工作区名称，界面就会以之前设置的形式显示。

图1-88 面板的摆放规律

本章小结

1. Adobe Illustrator软件的菜单栏、工具箱和控制栏、面板组中的工具和命令需配合使用，才能设计绘制服装设计图。

2. 菜单栏下有九个菜单，其中窗口菜单下，有确定是否显示工具栏、控制栏和各个面板的选项。

3. 工具箱在"基本功能"和"传统基本功能"的不同选项下，显示出的工具数量和工具栏形态都不同。

4. 面板组的各种面板能够设置各种不同的参数。其中"色板""颜色""颜色参考"

面板各有所长，配合使用，可以为对象填充任何色彩。

　　5. "基本功能"下，可以按照自己的设计习惯，使用"新建工作区"重新安排设置自己的工作区。

思考题

　　1. 在数字经济的背景下，AI软件能够服务哪些行业？

　　2. 在AI中，如何设置符合自己设计习惯的工作区？

　　3. "色板""颜色""颜色参考"面板各自的优劣势是什么？

　　4. "工具箱"和"控制栏"是什么关系？

　　5. 一个有标准尺寸且转角圆形的手机的长度、宽度和转角弧度如何设置？

服饰配件的设计绘制

第二章

课题名称： 服饰配件的设计绘制

课题内容： 1. 纽扣符号的设计绘制

　　　　　　 2. 纽扣符号库的设置与使用

　　　　　　 3. 拉链画笔的设计绘制

　　　　　　 4. 拉链画笔的设置、保存与使用

　　　　　　 5. 皱褶画笔的绘制、保存及使用

课题时间： 10课时

教学目的： 使学生掌握多种工具配合使用，绘制各种环保材料的纽扣、拉链、皱褶花边等服饰配件的方法，并学会设置自己的符号库和画笔库。

教学方式： 理论教学＋实践操作训练

教学要求： 1. 学生掌握使用工具箱"矩形工具组""选择工具""填色、描边工具""斑点画笔工具""置入命令"等工具、命令的方法。

　　　　　　 2. 学生掌握"路径查找器""描边""渐变"等面板的使用方法。

　　　　　　 3. 学生掌握菜单栏命令、工具箱工具、面板组配合使用的方法。

课前准备： 学生了解各种环保材料的纽扣、拉链、皱褶花边的形态样貌。

服装配件是为了更好地烘托服装的表现效果而增加的配饰，其种类繁杂，材质丰富，有的具有实用功能，有的具有装饰效果，有的二者兼具。纽扣、拉链、花边等都是服装的配件，它们对服装的作用很难界定具体是实用还是装饰，但对服装而言，服装配件是必不可少的。下面我们就几种服装配件进行设计绘制。

第一节　纽扣符号的设计绘制

纽扣是服装最重要的服饰配件之一，对于服装是既具有实际用途，又具备装饰效果。漂亮的纽扣是服装的点睛之笔，合适的纽扣可以提升服装的品质，凸显服装的风格，所以服装纽扣的设计是非常重要的。在AI软件中，"符号"面板上的符号可以一次设置终身使用。我们可以将设计的各种纽扣作为符号保存在自己的符号库中，随时使用，既能方便快捷地绘制服装款式，又使设计的服装富有特色。

一、四孔纽扣的绘制

普通的四孔纽扣在生活中极其常见，它适用任何款式的服装。随着国家绿色化、低碳化高质量发展目标的确定，环保材质的纽扣设计更符合未来发展的趋势。

四孔纽扣的绘制步骤如下。

1. 点击菜单栏中"视图"子菜单中的"显示透明度网格"命令，如图2-1所示，将页面背景变成透明网格的形式，以利于清晰地展现图形。

2. 点击选用工具箱中"椭圆工具"，鼠标左键在页面空白处单击，弹出椭圆对话框，将"高度"和"宽度"的参数值都设置为"32mm"，确认后页面上生成直径32mm的正圆，确认正圆的填充颜色为白色，描边色为黑色。以此作为纽扣的外缘，如图2-2所示。

3. 鼠标左键再次在页面空白处单击，在

视图(V)　窗口(W)　帮助(H)	
轮廓(O)	Ctrl+Y
在 CPU 上预览(P)	Ctrl+E
叠印预览(V)	Alt+Shift+Ctrl+Y
像素预览(X)	Alt+Ctrl+Y
裁切视图(M)	
显示文稿模式(S)	
校样设置(F)	＞
校样颜色(C)	
放大(Z)	Ctrl++
缩小(M)	Ctrl+-
画板适合窗口大小(W)	Ctrl+0
全部适合窗口大小(L)	Alt+Ctrl+0
实际大小(E)	Ctrl+1
隐藏边缘(D)	Ctrl+H
隐藏切片(S)	
锁定切片(K)	
隐藏画板(B)	Shift+Ctrl+H
显示打印拼贴(T)	
隐藏模板(L)	Shift+Ctrl+W
隐藏定界框(J)	Shift+Ctrl+B
显示透明度网格(Y)	Shift+Ctrl+D

图2-1　"视图"子菜单中的"显示透明度网格"

弹出的椭圆对话框中,将"高度"和"宽度"参数填入数值"24mm",确认后页面上生成直径24mm的正圆。在控制栏中填色位置将24mm正圆的填色选为透明色,直径为24mm的正圆只剩黑色圆边框,中心部分可以看到页面背景的网格,如图2-3所示。

图2-2　设置参数(1)

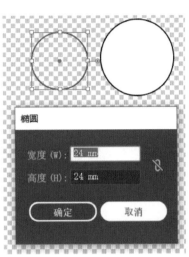

图2-3　设置参数(2)

4. 点击"选择工具" ,按住鼠标左键拖拉,框选两个正圆,控制栏会出现"对齐"命令,先后点击"水平居中对齐" 和"垂直居中对齐" ,将两个圆的中心点对齐,如图2-4所示。小圆边线作为纽扣内部的装饰。

5. 再次点击选用工具箱中"椭圆工具",鼠标左键在页面空白处单击,在弹出的椭圆对话框中,将"高度"和"宽度"参数填入数值"4mm"后,在控制栏点选填色命令,在生成的透明直径4mm正圆的内部填上白色。

6. 利用"选择工具"选中直径为4mm正圆,同时按住Alt键和鼠标左键,在不松开鼠标左键的情况下拖动鼠标,复制出一个新的直径4mm正圆。调节两个正圆间的距离大约4mm,框选两个正圆,用控制栏中的"对齐"命令将它们"垂直居中对齐",如图2-5所示,按快捷键"Ctrl+G",将其编组。

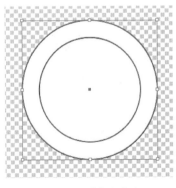

图2-4　对齐中心点

图2-5　垂直居中对齐

7. 框选垂直居中对齐的两个直径为4mm的正圆，同时按住鼠标左键和Alt键，在不松开鼠标左键的情况下拖动鼠标，再复制出两个正圆。调整后复制的两个正圆与之前两个正圆间的距离大约4mm。框选四个直径4mm正圆，点击鼠标右键调出右键菜单，选择"编组"命令将其编成一个整体，如图2-6所示。

8. 使用"选择工具"，将编组后的四个直径为4mm正圆移动到两个大些的正圆上方。按住Shift键，同时鼠标左键点击直径32mm正圆，使该正圆和四个小圆处于同时被选中的状态，如图2-7所示，然后点击控制栏上"对齐"命令中的"水平居中对齐"和"垂直居中对齐"。

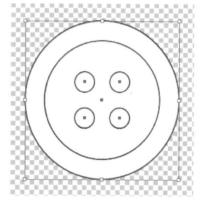

图2-6 "编组"命令　　　　　　　图2-7 调整几个正圆的位置关系

9. 调出菜单栏"窗口"菜单下的"路径查找器"面板，然后点击面板上的"减去顶层"命令，直径32mm正圆的内部就被挖出四个洞，透过洞可见背景的网格。四个小洞用以模拟纽扣的扣眼，如图2-8所示。

图2-8 "减去顶层"命令

10. 点击鼠标右键，弹出右键菜单，点击"排列"子菜单下"置于底层"命令，如图2-9所示，将新生成的带有四个孔洞的直径32mm正圆放置到最底层，此时模拟纽扣上装饰的直径24mm正圆显现出来（在AI软件中，默认最先绘制的图形在最底层，最新绘制的图形在最上层。所以出于设计需要，设置"排列"命令来调整各个图形所在层）。

图2-9 "置于底层"命令

11. 点击工具箱中的"椭圆工具"，按住鼠标左键拖拉出一个椭圆，在控制栏中将"内部填充"选为"白色"，"描边颜色"为"黑色"，描边的"宽度"设置为"0.5pt"，如图2-10所示。

12. 双击工具箱中的"旋转工具" 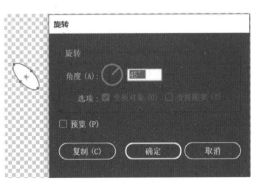，弹出旋转对话框，将"角度"选项后的参数设置为"45°"，然后点击"确定"，如图2-11所示。再次双击工具箱中的"旋转工具"，将对话框中的"角度"参数设置为"-90°"，然后点击"复制"。两个椭圆呈90°交叉显示。

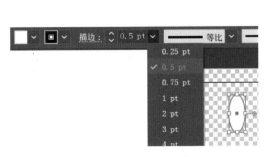

图2-10 设置描边颜色与宽度　　　　　　　图2-11 设置"角度"

13. 点击"选择工具"后，框选两个呈90°交叉的椭圆，点击鼠标右键，弹出右键菜单，点击菜单中的"编组"命令，如图2-12所示。

14. 使用移动工具，将两个椭圆移动到四个扣眼中心位置，调整椭圆的大小，使之压住一半的扣眼，如图2-13所示。交叉的椭圆用以模拟钉纽扣的线迹。

图2-12 "编组"命令

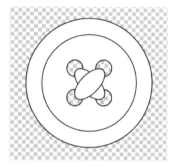

图2-13 调整椭圆的位置和大小

15. 点击工具箱中的"椭圆工具"，然后鼠标左键点击页面空白处，弹出椭圆对话框，将对话框中的"宽度"参数设置为"36mm"，"高度"设置为"10mm"，点击"确定"。

16. 在椭圆被选中的状态下，点击菜单栏中"效果"下拉菜单中的"扭曲和变换"，在其子菜单中点击"波纹效果"命令，如图2-14所示。在弹出的"波纹效果"对话框中，将"大小"后的参数设为"2mm"，"每段的隆起数"后的参数设置为"40"，勾选"平滑"选项，继而勾选"预览"看下效果，如果效果适合，点击"确定"，如图2-15所示，此处用以模拟扣眼的效果。

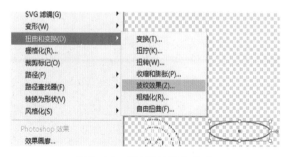

图2-14 "波纹效果"命令

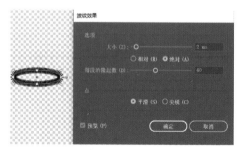

图2-15 "波纹效果"面板

17. 在模拟扣眼被选定的状态下，点击鼠标右键，调出右键菜单，点击"排列"子菜单中的"置于底层"命令。

18. 移动模拟扣眼到纽扣下部，使扣眼被纽扣遮挡的部分大约占本身的3/4，如图2-16所示。

19. 框选所有图形元素，鼠标右键调出右键菜单，点击"编组"命令将所有图形连成一个整体。

20. 带扣眼的塑料纽扣效果就模拟出来了。

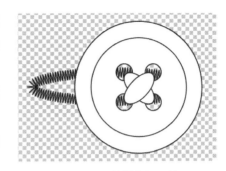

图2-16　调整模拟扣眼位置

二、方形圆角日字扣的绘制

日字扣的外形如同"日"字，形态有圆形和方形，一般常用于风衣、大衣的腰带上，二者外形不同但效用一致。

方形圆角日字扣的绘制步骤如下。

1. 点击菜单栏"视图"子菜单中的"显示透明度网格"命令，将页面背景变成透明网格的形式，以利于清晰地展现图形。

2. 点击选用工具箱中"圆角矩形工具"■，鼠标左键在页面空白处单击，弹出圆角矩形对话框，将"宽度"后的参数设置为"72mm"，"高度"后的参数设置为"96mm"，圆角"半径"的参数设置为"12mm"。确认后，页面上生成72mm×96mm的圆角矩形。确认圆角矩形的"填充颜色"为"白色"，"描边色"为"黑色"，如图2-17所示。以此模拟方形日字扣的外形。

3. 点击工具箱中"矩形工具"■，鼠标左键在页面空白处单击调出矩形对话框，将"宽度"后的参数设置为"48mm"，"高度"后的参数设置为"72mm"，确认后页面上生成48mm×72mm的直角矩形。确认直角矩形的"填充颜色"为"白色"，"描边色"为"黑色"，如图2-18所示。

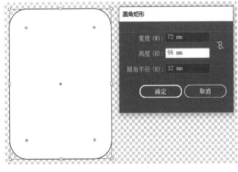

图2-17　圆角矩形参数设置

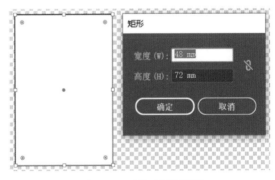

图2-18　矩形参数设置

4. 再次点击工具箱中 "矩形工具"，鼠标左键在页面空白处单击，弹出矩形对话框，将 "宽度" 后的参数设置为 "12mm"，"高度" 后的参数设置为 "80mm"，确认后页面上生成12mm×80mm的长矩形，确认长矩形的 "填充颜色" 为 "白色"，"描边色" 为 "黑色"。

5. 使用 "选择工具" 也称 "小黑"，将12mm×80mm的长条矩形移动到48mm×72mm的矩形上方，使两个图形的中心点对齐；或者框选两个图形，在控制栏上出现的 "对齐" 命令中，点击 "水平居中对齐" 和 "垂直居中对齐"，也可以将两个图形对齐，如图2-19所示。

6. "选择工具" 状态下，按住鼠标左键框选两个图形，点击 "路径查找器" 面板上的 "减去顶层" 命令，长条矩形将48mm×72mm矩形分割成两个小矩形，如图2-20所示。

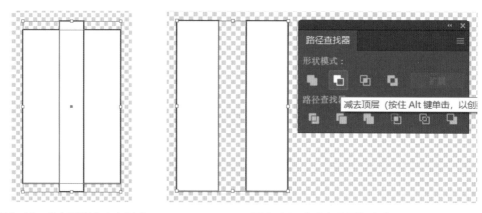

图2-19　2个图形中心点对齐　　　　　　　　图2-20　"减去顶层" 命令

7. 点击选用工具箱中 "直接选择工具" ，也称 "小白"，点击被分割的图形，此时在图形的每个内角下方都出现一个带圆心的小圆，这是能将直角调成圆角的 "边角构件" 符号，如图2-21所示。鼠标光标放在一个 "边角构件" 符号上，按住鼠标左键拖动鼠标，则4个直角同时变为圆角且弧度一致，如图2-22所示。（如果鼠标左键点击小圆，小圆的圆心消失，且其他内角处的 "边角构件" 符号也同时消失，这时鼠标左键拖动没有圆心点的小圆，小圆对应的直角外缘线会变成弧线，其他直角不发生变化。）

8. 使用 "选择工具" "小黑"，框选调整完成的两个圆角矩形，使用快捷键 "Ctrl+G"，将其编组。

9. 将编组后的两个圆角矩形

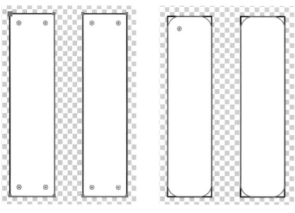

图2-21　"边角构件" 符号　　图2-22　4个圆角弧度一致

移动到72mm×96mm的圆角矩形上，框选所有图形后，点击控制栏"对齐"菜单下的"水平居中对齐"和"垂直居中对齐"，如图2-23所示。

10. 点击"路径查找器"面板上的"减去顶层"命令，则两个小的圆角矩形将72mm×96mm的圆角矩形挖出两个洞，如图2-24所示。

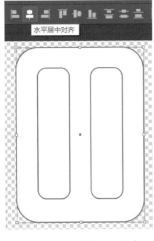
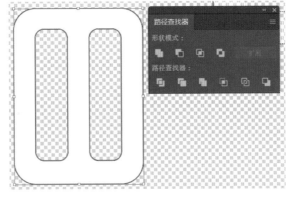

图2-23　调整图形对齐　　　　　图2-24　"路径查找器"面板

11. 方形圆角日字扣就模拟出来了。

三、牛角扣的绘制

牛角扣因其外形酷似牛角而得名，一般常用于毛呢或羊绒大衣等面料相对厚重、高档的服装上。

牛角扣的绘制步骤如下。

1. 点击菜单栏"视图"子菜单中的"显示透明度网格"命令，将页面背景变成透明网格的形式，以利于清晰地展现图形。

2. 点击选用工具箱中"椭圆工具"，鼠标左键在页面空白处单击，弹出椭圆对话框，将"宽度"参数设置为"20mm"，"高度"参数设置为"100mm"，确认后，页面上生成20mm×100mm长形椭圆，确认椭圆的"填充颜色"为"透明色"，"描边色"为"黑色"，如图2-25所示。

3. 再次点击选用工具箱中"椭圆工具"，鼠标左键在页面空白处单击，弹出椭圆对话框，将"宽度"参数设置为"20mm"，"高度"参数设置为"8mm"，确认后页面生成20mm×8mm的小扁椭圆，确认椭圆的"填充颜色"为"透明色"，"描边色"为"黑色"。

4. 利用"选择工具"将20mm×8mm椭圆移动到20mm×100mm椭圆的中间位置，使用快捷键"Ctrl+ +"放大屏幕，确认两个椭圆的边线重叠。然后框选两个椭圆，如

图2-26所示，点击"路径查找器"面板上的"分割"命令，如图2-27所示。（点击"分割"命令后，此时20mm×100mm椭圆已被20mm×8mm椭圆分割成两个部分，但因为它们还在20mm×100mm椭圆的整体编组中，不但在视觉上还是一个整体，且使用"选择工具""小黑"移动其中一部分时，依然是整体移动，所以，要使用右键菜单中的"取消编组"命令后，才能真正将其分割成两个部分。）

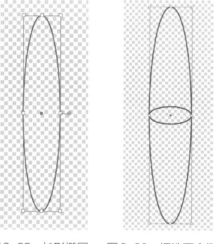 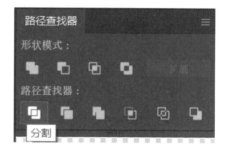

图2-25 长形椭圆　图2-26 框选两个椭圆　　　　图2-27 "分割"命令

5. 在图形都被选定的状态下，轻击鼠标右键，弹出右键菜单，点击"取消编组"命令，然后鼠标左键在空白处点击以确定，如图2-28所示。使用"选择工具""小黑"拖开被分割的下半部分，如图2-29所示，然后删除下半部分。

6. 使用"选择工具""小黑"框选20mm×100mm椭圆的上半部分和20mm×8mm椭圆，鼠标左键点击"色板"面板上的白色，将它们都填充为白色。

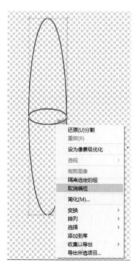 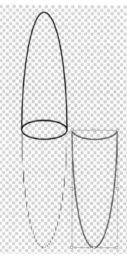

7. 点击选用工具箱中"椭圆工具"，鼠标左键点击页面调出椭圆对话框，将"宽度"参数和"高度"参数都设置为"5mm"，确认后页面上生成直径5mm正圆。确认椭圆的"填充颜色"为"白色"，"描边色"为"黑色"。

图2-28 "取消编组"　　图2-29 拖开被分割的
　　　　命令　　　　　　　　　下半部分

8. 使用"选择工具""小黑"将直径5mm正圆拖拉到半椭圆上，放在半椭圆的高度和宽度都大约是1/3处的黄金点上，同时按住Alt键和鼠标左键，向下垂直拖动直径5mm的正圆复制。复制的正圆与原正圆在一条垂直线上，高度大约在半椭圆的2/3处，如图2-30所示。

9. 框选两个直径5mm的正圆和半椭圆，点击"路径查找器"上的"减去顶层"命令，半椭圆上被挖出两个直径5mm的洞，透过洞可见背景网格，如图2-31所示。

10. 框选所有图形，轻击鼠标右键调出右键菜单，点击"编组"命令。

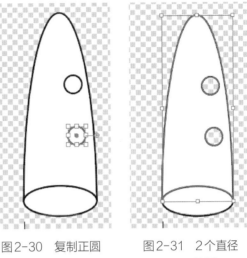

图2-30 复制正圆　　图2-31 2个直径
5mm的洞

11. 点击选中工具箱中的"斑点画笔工具" ，然后按住鼠标左键，将画笔放在一个直径5mm正圆上（注意：观察画笔的粗细与5mm正圆的间隙，如果画笔直径比正圆大，则双击"斑点画笔工具"调出对话框，如图2-32所示，将画笔"大小"选项的参数数值调小；如果画笔直径明显小于正圆，同样双击，调出对话框，将画笔"大小"的参数数值调大），拖动画笔向另一个小正圆中画弧线，如图2-33所示。

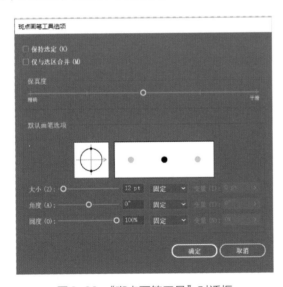

图2-32 "斑点画笔工具"对话框

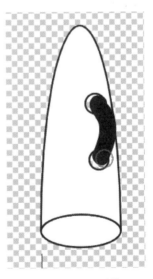

图2-33 画弧线

12. 使用"选择工具"选定弧线，点击工具箱中的"互换填色与描边"工具，"斑点画笔工具"绘制的黑色实心线段变为黑色边框的空心线段，如图2-34所示。

13. 使用斑点画笔以两个小正圆为各自起点（注意：起点与正圆间留些间隙），画两条手绘直线，长度约为50mm，如图2-35所示。

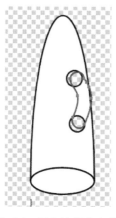
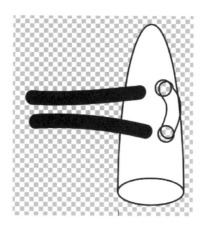

图2-34　黑色边框空心线段　　　　图2-35　手绘直线

14. 按住Shift键和鼠标左键，同时选定两条手绘直线，使用右键菜单中的"排列"子菜单中的"置于底层"命令，将两条手绘直线移到半椭圆的下方，如图2-36所示。

15. 点击工具箱中的"互换填色与描边"工具，效果如图2-37所示。

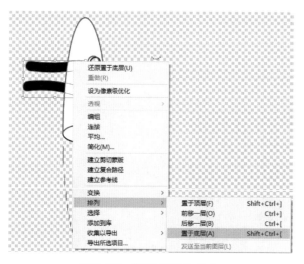
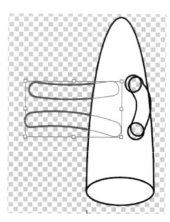

图2-36　"置于底层"命令　　　　图2-37　使用"互换填色与
　　　　　　　　　　　　　　　　　　　　　　描边"工具效果

16. 使用斑点画笔画一条横向的U型线，起点在两条手绘直线的水平相反方向，距离半椭圆的垂直中心线50mm左右处，U槽处越过半椭圆，如图2-38所示。使用"选择工具"选定U型线，点击工具箱中的"互换填色与描边"工具。

17. 使用鼠标右键菜单"排列"子菜单中的"后移一层"命令两次，将U型线移至半椭圆与两条手绘直线之间的位置，模拟牛角扣扣在绳状扣眼中的状态，如图2-39所示。

18. 利用"选择工具"逐一选中两个小圆间弧线、两条手绘线条、U型线，点击

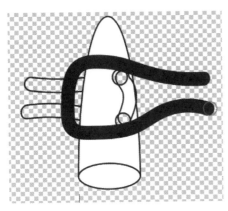

图2-38　绘制U型线

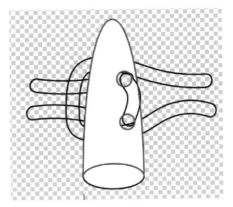

图2-39　调整图形排列顺序

"色板"中白色填充。注意必须逐一选择填充，不然U型线会自动与两条手绘线条连接为一个整体。

19. 点击选用工具箱中"圆角矩形工具"，鼠标左键在页面空白处单击，弹出圆角矩形对话框，将"宽度"和"高度"的参数都设置为"26mm"，"圆角半径"参数为"4mm"。确认后，将圆角矩形的"填充颜色"设为"白色"，"描边色"为"黑色"。以此模拟固定牛角扣绳扣的布块。

20. 在圆角矩形被选定的状态下，同时按住Alt键和鼠标左键拖拉，复制圆角矩形。点击工具箱中"填色"工具后，点击其右下部"无"命令 ，将复制的圆角矩形中心设为透明色。再点击"描边"面板，在"描边"面板上将参数"粗细"设为"0.5pt"，"端点"选择"圆头端点"，"边角"选择"圆角连接"，勾选"虚线"前方框，点选"虚线"后"保留虚线与间隙的精准长度"，在"虚线"下的第一方框中填入数值"2pt"，第二方框中填入数值"1pt"，如图2-40所示。

21. 同时按住Shift键，等比缩小虚线边框的圆角矩形，以此模拟固定绳扣布块上的线迹，然后将其移动到原圆角矩形上。

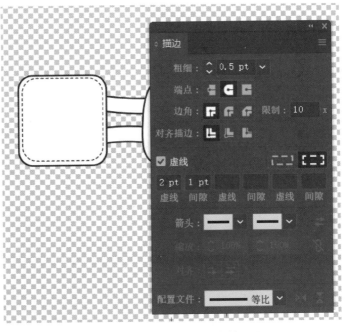

图2-40　"描边"面板及参数设置

22. 框选两个图形，在控制栏中逐一点击"水平居中对齐"和"垂直居中对齐"后，鼠标右键菜单将其"编组"。鼠标左键将其移动到两条手绘直线上部（注意要部分覆盖手绘直线）。

23. 按住 Alt 键和鼠标左键，拖拉复制图形至大椭圆的另一侧，放在 U 型线的上部（注意要压住部分 U 型线），如图 2-41 所示。

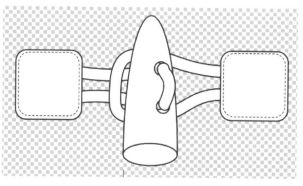

图2-41　调整图形位置

24. 框选所有图形，右键菜单"编组"。

25. 牛角扣就模拟出来了。

四、金属纽扣

金属纽扣具有密度大、触感好、质感厚实、抗压耐用、电镀性能好等特点，在现代服装尤其是牛仔面料的服装上使用非常广泛。

牛仔服装上的金属摇头扣绘制步骤如下。

1. 新建名为"金属纽扣"的文件，如图 2-42 所示。

图2-42　新建文件"金属纽扣"

2. 点选工具箱中"矩形工具组"中的"椭圆工具",然后鼠标左键在页面空白处单击,弹出"椭圆"对话框,把"宽度"和"高度"后的参数都输入"16mm",点击"确定"。

3. 点击"色板"面板中的深棕色将正圆填充,在控制栏中点击描边为"无" 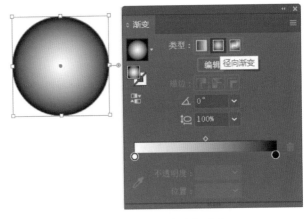命令,使正圆没有描边。在"选择工具"的状态下,同时按住 Alt 键和鼠标左键移动正圆,复制出新的正圆。

4. 选中复制的正圆,打开"渐变"面板,在"渐变"面板中将类型选为"径向渐变",则正圆中色彩由白色中心向黑色边缘过渡,如图2-43所示。

图2-43 "径向渐变"命令

5. 点击"渐变滑块"下方左侧的小圆,然后在"色板"面板中点选黄色,在"颜色参考"面板上,黄色的近似色都出现其中。点选深黄绿色,按住鼠标左键拖拉到"渐变滑块"上,当"渐变滑块"上出现黑色垂直线时,松开鼠标左键,深黄绿色就出现在"渐变滑块"上,如图2-44所示。同样方法将浅黄色和土黄色都拉到"渐变滑块"上,将浅黄色移动到右侧边缘,土黄色放置在"渐变滑块"中间位置。完成操作后,复制的正圆的颜色,如图2-45所示。

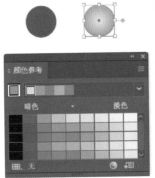

图2-44 "渐变滑块"上的深黄绿色

6. 点击"文件"菜单下"置入"命令,在打开的文件中,点选之前存储的 JPG 格式的图片,置入。

7. 按住鼠标左键拖拉,JPG 格式的图片在文件中显现出来。点击控制栏中的"裁剪图像"命令,如图2-46所示,调整好选中区域

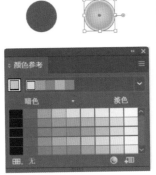

图2-45 复制正圆颜色

的边框后，单击回车键，未被选中部分被删除。

8. 点击控制栏上的"图像描摹"下拉菜单中的"剪影"，如图2-47所示。

图2-46 "裁剪图像"命令

图2-47 "剪影"命令

9. 点击控制栏中的"扩展"命令，将描摹对象转换为路径。点击"填充"工具，点选"色板"中黄绿色，将图案的颜色改为黄绿色，如图2-48所示。

10. 使用"椭圆工具"，绘制一个直径14mm的正圆，将"填充色"设为"无"，"描边"设为"黑色"后，将其移动到处理后的图案上，如图2-49所示。

图2-48 改变图案颜色   图2-49 绘制正圆

11. 框选直径14mm正圆和处理后的图片，点击右键菜单中的"建立剪切蒙版"命令，效果如图2-50所示，正圆将图片剪切。

12. 移动图2-50到直径16mm渐变色填充的正圆上，使其中心点对齐，效果如图2-51所示。

13. 复制填充了渐变色的正圆，将其缩小至原正圆的1/3大小，点击"渐变"面板，向左拖动"渐变滑块"浅黄色下方的小圆，使小正圆上浅黄色部分的宽度与直径16mm

正圆的浅黄色大致相等即可，移动到渐变填充的直径16mm正圆上，使大小正圆的圆心重合，如图2-52所示。

图2-50 "建立剪切蒙版"
　　　　 效果

图2-51 移动对齐图片

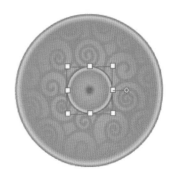

图2-52 大小正圆的圆心
　　　　 重合

14. 使用"椭圆工具"再绘制一个直径4mm正圆，将其填充为深棕色，移动到中心位置的小正圆之上，使直径4mm正圆边贴合小正圆的内边，如图2-53所示，以此模拟金属摇头扣中心凹下的部分。

15. 使用"椭圆工具"再绘制一个直径8mm的正圆，点击控制栏的"填充"和"描边"，将两项都选为"无"。

16. 点选工具箱中"文字工具组"下的"路径文字工具" ，将鼠标光标移动到无填充无描边的直径8mm正圆上方，待光标形状改变后，用鼠标左键单击。此时会显示文字的占位符按照直径8mm正圆的圆边排列，输入文字内容，文字会自动按照圆边路径排列，如图2-54所示。

17. "选择工具"状态下，输入文字的字体、字号，然后将光标移动至路径文字起点位置，待光标形状改变后，按住鼠标左键拖拉可以调整文字的起点位置，如图2-55所示。

图2-53 绘制直径4mm正圆
　　　　 并调整

图2-54 文字按圆边路径排列

图2-55 调整文字起点位置

18. 鼠标左键点击"色板"上的浅黄色，填充完成后，将调整好的文字移动到直径16mm正圆和小圆之间的位置，调整大小，如图2-56所示，用于模拟金属扣上的文字标识。

19. 将所有元素框选后按快捷键"Ctrl+G"编组。

20. 将编组后的图形移动到先前填充深棕色的正圆上，位置如图2-57所示，做出阴影效果。

图2-56　调整图形大小及位置　　　图2-57　阴影效果

21. 将所有元素框选后，按快捷键"Ctrl+G"编组。

22. 模拟的带有底纹图案和文字标识的金属摇头扣就做好了。

第二节　纽扣符号库的设置与使用

一、纽扣符号库的设置

纽扣符号库的设置步骤如下。

1. 将原"符号"面板中的符号逐一左键点击选中后，点击"符号"面板右下方的删除命令 🗑，单击弹出的对话框中"是"，如图2-58所示，就将原"符号"面板清空了。

2. 将绘制完成的纽扣都设置为黑色描边、白色填充，鼠标左键逐一拉动纽扣到"符号"面板上，当面板上出现蓝色光标后，如图2-59所示，松开鼠标左键，在弹出的对话框中设置名称、导出类型、符号类型等参数，如图2-60所示，确定后，绘制的

图2-58　清空原符号面板

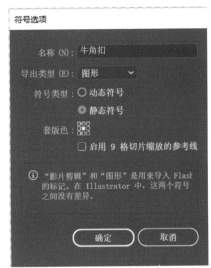

图2-59　扩充符号库　　　　　　　　图2-60　设置符号参数

纽扣图形即显示在面板上。

3. AI软件在关闭后重新打开时，软件自动恢复系统初始状态，自行拉入"符号"面板上的符号，不显示在"符号"面板上，需要将存储纽扣的库进行单独保存。

4. 鼠标左键点击"符号"面板右上方的"符号选项" ，打开下拉菜单，点击下方的"存储符号库"命令，如图2-61所示。

5. 在弹出的"将符号存储为库"对话框中，将文件名命名后保存，如图2-62所示。

图2-61　"存储符号库"命令

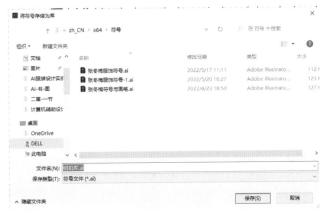

图2-62　"将符号存储为库"对话框

二、纽扣符号库的使用

纽扣符号库的使用步骤如下。

1. 关闭软件再打开，"符号"面板回到初始状态，点击"符号选项" ▤ ，打开下拉菜单，点击下方"打开符号库"下的"用户定义"，在"用户定义"中找到存储的"纽扣库"打开，如图2-63所示。

图2-63　点击"纽扣库"

2. 将纽扣库中自建的纽扣逐一拖拉到"符号"面板中，如图2-64所示。

图2-64　将自建纽扣放入"符号"面板

3. 从"符号"面板拉出一个纽扣到页面中，在纽扣被选中的状态下，点击"符号"面板上的"断开符号链接" ⚮ 命令，如图2-65所示，模拟绘制的纽扣才能被填充任何选择的颜色，如图2-66所示。

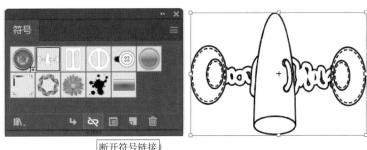

断开符号链接

图2-65　"断开符号链接"命令

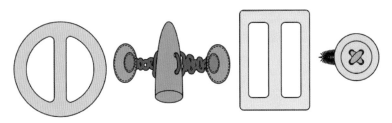

图2-66　填充颜色

第三节　拉链画笔的设计绘制

拉链是现代服装常用的服饰配件。拉链从形态上分为普通拉链和隐形拉链，普通拉链的拉链头和拉链齿都显示在外面，而隐形拉链只见拉链头，拉链齿是隐藏起来的。普通拉链从制作材料上又分为树脂拉链、金属拉链和尼龙拉链。

AI软件画笔面板中的画笔不但使用极其方便，还具有自行设置一次、终身使用的功能，我们将设计的拉链作为画笔保存在自己的画笔库中，可以随时使用，方便快捷。

一、拉链头的绘制

普通拉链头的绘制步骤如下。

1. 在工具箱的基础图形工具组中点击"多边形工具"■，然后鼠标左键在页面空白处单击，弹出"多边形"对话框，在"半径"后输入参数"20mm"，"边数"的参数输入"5"，确定后得到边长20mm的正五边形，如图2-67所示。

2. 选择基础图形工具组中的"矩形工具"，然后鼠标左键在页面空白处单击，弹出"矩形"对话框，"宽度"和"高度"的参数都输入"25mm"，确定后得到正方形。

3. 使用"选择工具"→"小黑"，将正方形移动到五边形上，放置正方形的底边与五边形的底边平行，且正方形的2/3与五边形重叠。框选两个图形，在控制栏中点击"水平居中对齐"命令，将两个图形水平居中对齐，如图2-68所示。

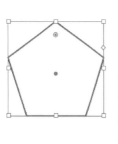

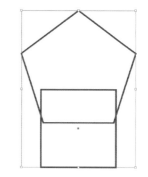

图2-67　设置多边形参数　　　　　图2-68　图形水平居中对齐

4. 点击"路径查找器"面板上的"联集"命令，将两个图形合成一个复杂图形，如图2-69所示。

5. 鼠标左键单击工具箱中的"直接选择工具"，然后将鼠标的光标放在复杂图形的上方，复杂图形的每个小于180°的转角位置都会显现一个小圆形，这是"边角构件"工具。鼠标左键选择图形内部的一个"边角构件"，按住鼠标左键向图形中心拖拉，复杂图形的外角由尖锐变得圆滑，拖拉的距离越长转角处越圆滑，如图2-70所示。

6. 在工具箱中点击"圆角矩形工具"，按住鼠标左键拖拉出一个圆角矩形，将其放置在复杂图形之上，调整高度在复杂图形之内的最高处，宽度是复杂图形底边的1/3左右即可，图形作为模拟的拉链头，如图2-71所示。

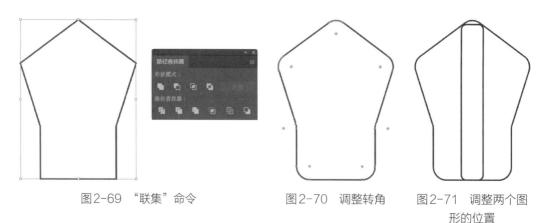

图2-69　"联集"命令　　　图2-70　调整转角　　图2-71　调整两个图
　　　　　　　　　　　　　　　　　　　　　　　　　　形的位置

7. 使用"选择工具"框选两个图形，点击控制栏中的"水平居中对齐"命令，将两个图形水平居中对齐。

8. 点击工具箱基础图形工具组中的"矩形工具"，在页面空白处单击，弹出"矩形"对话框，将"宽度"参数设置为"18mm"，"高度"参数设置为"80mm"。

9. 点击工具箱"直接选择工具"，鼠标左键单击矩形左上角，角上的空心方框变为蓝色实心方块后，按击键盘上的"向右"移动箭头两次；鼠标左键单击矩形右上角，按击键盘上的"向左"移动箭头两次，将直角矩形变成梯形。

10. 点击选用"直接选择工具"，在四个内角处都有"边角构件"符号的情况下，按住鼠标左键拖拉，四个尖锐转角变得稍圆滑时松开鼠标左键，梯形变成圆角梯形，如图2-72所示。

11. 点击工具箱基础图形工具组中的"椭圆工具"，在页面空白处单击，弹出"椭圆"对话框，将"宽度"和"高度"参数都设置为"10mm"。

12. 使用"选择工具"将圆形移动到圆角梯形上部（注意圆的位置，正圆的边缘与圆角梯形的上顶边、左侧边、右侧边的距离都大致相等），框选两个图形，点击控制栏的"水平居中对齐"命令，将两个图形的水平居中对齐。

13. 点击"路径查找器"上的"减去顶层"命令，圆形在圆角梯形上挖一个洞，如图2-73所示，此图形作为模拟的拉链头上的拉链拉手。

14. "选择工具"将模拟的拉链拉手移动到模拟拉链头下部，放置拉链拉手约1/6与拉链头的1/4重叠，单击鼠标右键调出右键菜单，鼠标左键点击"排列"子菜单下的"后移一层"命令，将拉链拉手放在拉链头的底座与拉链头凸起之间，如图2-74所示。

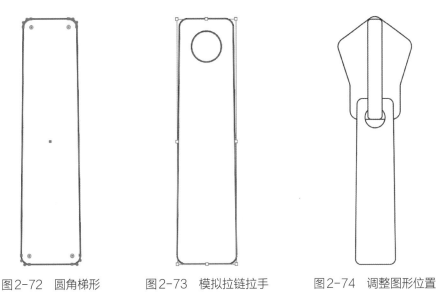

图2-72　圆角梯形　　　　图2-73　模拟拉链拉手　　　　图2-74　调整图形位置

15. "选择工具"框选所有图形，调出右键菜单，点击"编组"命令，将所有图形编成一组。

这样，普通拉链头的模拟绘制就完成了。隐形拉链头的外表形态与普通拉链头不同，但是绘制方法基本相同。设计者可以根据隐形拉链头的样貌，尝试着进行绘制。

二、拉链齿的绘制

普通拉链包括树脂拉链、金属拉链和尼龙拉链，这三种拉链的制作材料不同，拉链齿的形态也不同，但是拉链齿的头尾端形态是基本相同的。下面我们以树脂拉链为例，分拉链齿、拉链上端和拉链尾端三部分，示范拉链齿的制作步骤。

拉链齿绘制步骤如下。

1. 点击选用"圆角矩形工具"后，鼠标左键在页面空白处单击，弹出"圆角矩形"对话框，将"宽度"和"高度"的参数值都设为"14mm"，圆角"半径"设为"3mm"，确定。

2. 点击选用"矩形工具"后，鼠标左键在页面空白处单击，弹出"矩形"对话框，将"宽度"的参数值设为"8mm"，"高度"参数值设为"17mm"，确定。

3. 再次选用"圆角矩形工具"后，在弹出的对话框中，将"宽度"和"高度"的参数值都设为"20mm"，"圆角半径"设为"4mm"，确定。

4. 将边长14mm正方形、8mm×17mm长方形和边长20mm正方形从上向下垂直排列，长方形上端约1/4处与边长14mm正方形的底部重叠，长方形下端约1/4处与边长20mm正方形的上边线重叠，框选三个图形后，单击控制栏的"水平居中对齐"命令，如图2-75所示。

5. 单击"路径查找器"面板上的"联集"命令，将三个图形合为一个图形，如图2-76所示，以此模拟拉链齿。

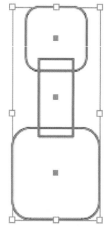
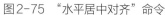
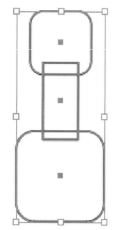
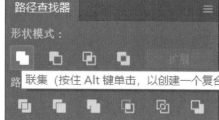

图2-75 "水平居中对齐"命令   图2-76 "联集"命令

6. 在图形在被选定的状态下，鼠标左键点击工具箱中的"旋转"工具，在弹出的"旋转"对话框中，将"角度"后输入参数"180°"，然后点击复制，如图2-77所示。

7. 使用"移动工具""小黑"，拖动新复制的拉链齿，将其移动到如图2-78所示位置，使其形成交错的样貌。

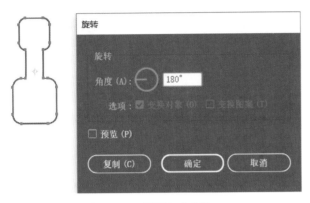

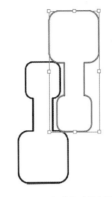

图2-77　设置角度参数　　　　　　图2-78　移动复制的图片

8. 框选两个图形，同时按住键盘上的Alt键和鼠标左键拖拉，复制图形两次。将六个图形交错排列，且各个图形间间距相等，如图2-79所示，以此模拟拉链齿交错的形态。

9. 选用"矩形工具"后，按住鼠标左键拖拉出一个矩形，点击工具箱中的"填色/无"命令，将矩形中心变为透明。点击工具箱中"描边"工具，在色板中任选一个描边颜色，与之前图形区分。

10. 调整矩形的大小。使矩形的上、下边线与模拟拉链齿的上线、下线重合，左、右边线分别与模拟拉链齿的最左端齿中心线和最右端齿中心线重合，如图2-80所示。

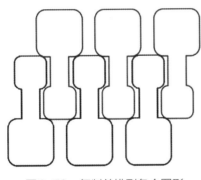

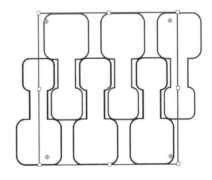

图2-79　复制并排列各个图形　　　　图2-80　调整图形位置

11. 点击鼠标右键调出右键菜单，单击"排列"子菜单中的"置于底层"命令，将矩形放置在底层，然后点击工具箱中"描边/无"命令，将矩形的描边颜色去掉。

三、拉链上端的绘制

拉链上端的绘制步骤如下。

1. 点击选择"圆角矩形工具"，然后鼠标左键在页面空白处单击，弹出"矩形"对话框，把"宽度"和"高度"的参数都输入"32mm"，"圆角半径"为"3mm"，确定后得到圆角正方形。

2. 鼠标左键点击工具箱中的"选择工具"，同时按住键盘上的Alt键和鼠标左键，拖拉复制圆角正方形。

3. 将两个圆角正方形放在模拟拉链齿的左侧，注意两个圆角正方形的位置摆放，如图2-81所示，上方正方形的上边线与拉链齿的上边线在同一水平线上，下方正方形的下边线与拉链齿的下边线在同一水平线上，两图形挨着拉链齿的边线，形成一定的错落。

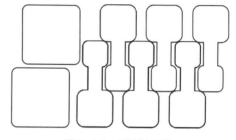

图2-81　图形的摆放

四、拉链尾端的绘制

拉链尾端的绘制步骤如下。

1. 再次点击选择"矩形工具"，在弹出的"矩形"对话框中设置"宽度"参数"66mm"，"高度"参数"32mm"，确定后得到66mm×32mm长方形，使用"直接选择工具"拖拉"边角构件"，将直角长方形调整为圆角长方形。

2. 鼠标左键点击工具箱中的"选择工具"，同时按住键盘上的Alt键和鼠标左键，拖拉复制圆角长方形。将两个圆角长方形放在模拟拉链齿的右侧，注意将两个圆角长方形挨着拉链齿的前缘错落摆放，如图2-82所示。

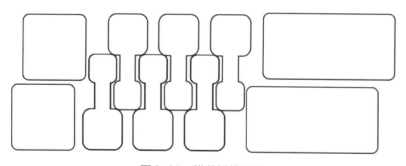

图2-82　错落摆放图形

3. 再次点击选择基础图形工具组中的"矩形工具"，在弹出的"矩形"对话框中设置"宽度"参数"50mm"，"高度"参数"72mm"，确定后得到长方形，拖拉"边角构件"将其调整为圆角长方形。使用"选择工具"将50mm×72mm的圆角长方形移动到两个长方形的尾部，覆盖其错落的部分，使其效果如图2-83所示。

4. 使用"选择工具"框选所有图形，点击"描边"面板，将"粗细"的参数调整为"2pt"。同时按住键盘上的Shift键和鼠标左键，拖拉整体缩小至合适大小。树脂拉链的拉链齿部分模拟绘制完成，如图2-84所示。

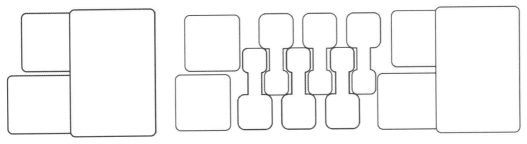

图2-83 调整图形位置　　　　　图2-84 树脂拉链的拉链齿模拟绘制完成

五、其他材质拉链齿的绘制

金属拉链和尼龙拉链的上端和尾端与树脂拉链的结构、样貌基本相同，只有拉链齿是不同的形态，如图2-85所示是模拟绘制的树脂拉链、金属拉链和尼龙拉链。

1. 金属拉链齿，可以直接使用"圆角矩形工具"，绘制长宽比约为4：1的矩形，填充上渐变金属色，效果就比较接近真实的金属拉链。

2. 尼龙拉链，则需要分几步完成模拟绘制。第一步，使用工具箱中的"斑点画笔"工具 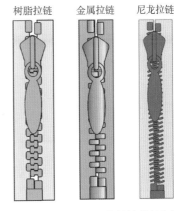，绘制一条如小括号的弧线，如图2-86所示。第二步，选中弧线，点击工具箱中的"互换填色和描边"命令，弧线变成有黑色描边的中空图形，如图2-87所示。第三步，将这个图形如拉链齿绘制步骤7、步骤8一样操作，如图2-88所示，就得到了尼龙拉链齿。

图2-85 不同形态的拉链绘制

树脂拉链　　金属拉链　　尼龙拉链

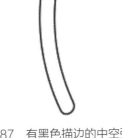

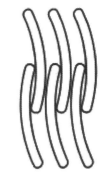

图2-86 绘制弧线　　图2-87 有黑色描边的中空弧线　　图2-88 尼龙拉链齿绘制图

第四节　拉链画笔的设置、保存与使用

画笔库的自行设置、保存和使用是 AI 软件的独特功能。保存后的画笔，具有一次设置，永久使用的功能，此功能不但使得设计内容更丰富、形式更多样，绘制速度也大幅提高，而且令设计更富有个性化特征。将绘制好的拉链设置为画笔，然后保存到自定义的画笔库中，在需要的时候，直接点击使用，非常方便。

一、拉链画笔的设置

拉链画笔的设置步骤如下。

1. 将树脂拉链、金属拉链、尼龙拉链的各个部分绘制完成，如图 2-89 所示。

2. 框选树脂拉链的拉链齿部分，注意要将绘制的置于底层的无描边、无填充的矩形一起选上，鼠标左键拖动树脂拉链齿到"画笔"面板，当"画笔"面板边缘出现蓝色光标，如图 2-90 所示。松开鼠标左键，弹出"新建画笔"对话框。

3. 点选"新建画笔"对话框中的"图案画笔"，如图 2-91 所示，确定后出现"图案画笔选项"对话框。

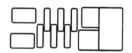

图 2-89　拉链各个部分
的绘制图

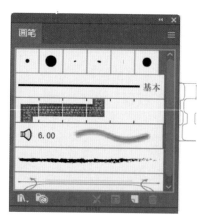

图 2-90　"画笔"面板

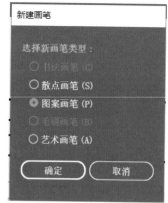

图 2-91　点选"图案画笔"

4. 设置对话框中各项，如图 2-92 所示。名称"树脂拉链"，缩放"固定"，"最小值"设置为"30%"，"最大值"不设置，"间距"设置为"10%"，"外角拼贴"设置为"无"，如图 2-93 所示，"边线拼贴"设置为"原始"，如图 2-94 所示，其他项不动，确定。注意，最小值与间距的数值可根据情况调整。如果拉链齿间有间距过大或重叠的现象，需要调整最小值或间距，使其各个拉链齿之间等距。

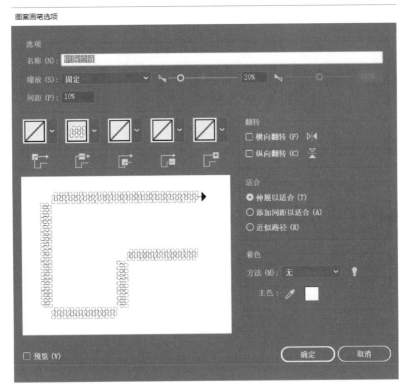

图2-92 "图案画笔选项"对话框

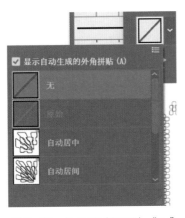

图2-93 外角拼贴设置为"无"

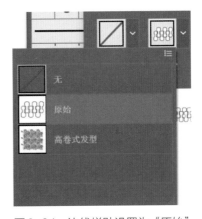

图2-94 边线拼贴设置为"原始"

5. 树脂拉链齿在"画笔"面板上显示出来，如图2-95所示。

6. 框选拉链齿上端，拖到"画笔"面板上拉链齿所在的行内，光标放在第四格内，如图2-96所示。不松开鼠标的情况下，按住键盘上的Alt键，第四格中光标显示为黑色方框时，如图2-97所示，松开鼠标左键和Alt键，弹出"图案画笔选项"对话框。

7. 步骤4中设置的各项参数直接显示在对话框中，同时"起点拼贴"位置显示出拉链齿上端图形，如图2-98所示。不需更改参数，直接点击"确定"。

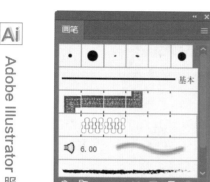

图2-95 "画笔"面板

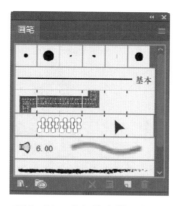

图2-96 光标放在第四格内

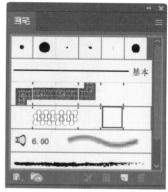

图2-97 第四格中的光标显示
为黑色方框

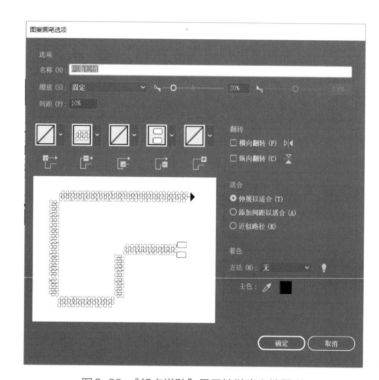

图2-98 "起点拼贴"显示拉链齿上端图形

8. 框选拉链齿尾端，拖到"画笔"面板上拉链齿所在的行内，光标放在第五格内，如图2-99所示。不松开鼠标的情况下，按住键盘上的Alt键，第五格中光标显示为黑色方框，如图2-100所示，松开鼠标和Alt键，弹出"图案画笔选项"对话框。

9. 步骤4中设置的各项参数和起点拼贴都直接显示在对话框中，同时"终点拼贴"位置显示出拉链齿尾端图形，如图2-101所示。

10. 点击工具箱中的"线段工具"，在页面空白处画一条直线，左键点击"画笔"面板树脂拉链画笔，线段变为拉链的形态，如图2-102所示。

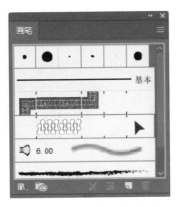
图2-99 光标放在第五格内

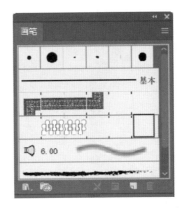
图2-100 第五格中的光标显示为
黑色方框

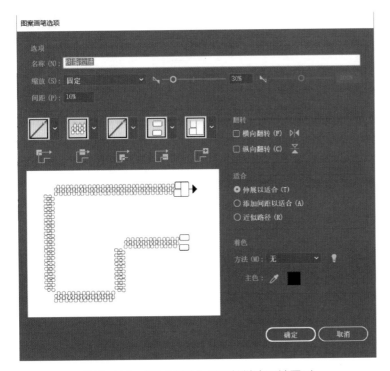
图2-101 "终点拼贴"显示拉链齿尾端图形

图2-102 树脂拉链画笔

11. 观察拉链齿的间隙是否均匀，如果有拉链齿间隙过大或重叠现象，则鼠标左键双击树脂拉链齿所在的画笔行，如图2-103所示。弹出"图案画笔选项"对话框，调整"间距"的参数为"20%"，其他项不变后确定。

12. 使用画笔工具再次测试，调整至拉链齿间距合适。

13. 金属拉链和尼龙拉链，按照如上步骤操作即可设置为画笔。

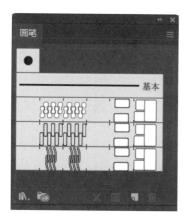

图2-103　调整拉链齿间隙

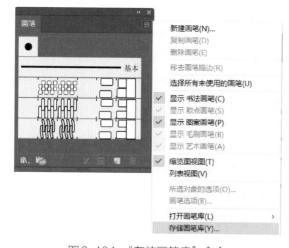

图2-104　"存储画笔库"命令

二、拉链画笔的保存与使用

拉链画笔的保存与使用步骤如下。

1. 将"画笔"面板上的系统画笔拉到 🗑 中删除，画笔库中只显示自行绘制的拉链画笔。左键点击"画笔"面板右上方的"画笔选项" ▤ ，打开下拉菜单，点击下方的"存储画笔库"命令，如图2-104所示。

2. 在弹出的"将画笔存储为库"的对话框中设置文件名，如图2-105所示，将拉链画笔库保存。

3. AI软件中的画笔库与符号库一样，关闭软件再打开，画笔库回到系统初始状态。点击"画笔"面板右上角的"画笔选项"，打开下拉菜单，点击下方"打开画笔库"下的"用户定义"，在"用户定义"中找到存储的"拉链画笔-张"打开，如图2-106所示。

4. 自存的画笔库被打开，如图2-107所示，鼠标左键点击自存的拉链画笔，画笔就会转存到"画笔"面板上。

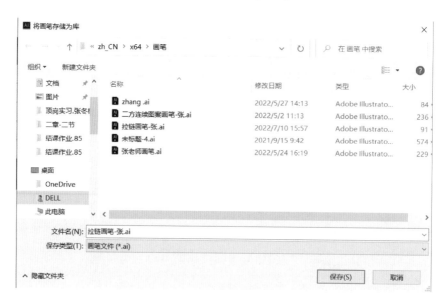

图2-105　保存画笔

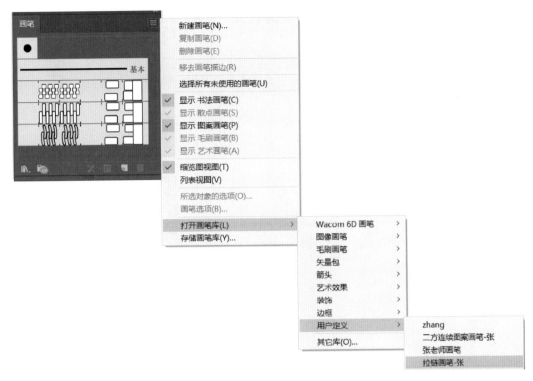

图2-106　查找存储画笔

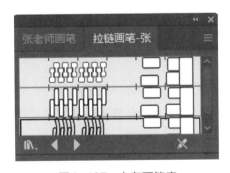

图2-107　自存画笔库

5. 点选工具箱中的"画笔工具" ，点击"画笔"面板上的树脂拉链画笔，按住Shift键画垂直线，垂直线直接以树脂拉链的形态显现，如图2-108所示。此时的拉链画笔还不能添加颜色。

6. 树脂拉链被选中的状态下，点击菜单栏中"对象"菜单下的"扩展外观"命令，如图2-109所示，再点选工具箱中的"填充"工具后，点击"色板"颜色，就可以给拉链填上任何色彩，如图2-110所示。

7. 同上步骤5、步骤6，画笔选择金属拉链，填色时使用"渐变"面板，对对象进行渐变填充，就可以做出金属拉链的质感，如图2-111所示。

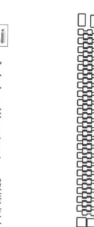

图2-108　垂直线 　　图2-109　"扩展外观"命令 　　图2-110　给拉链 　图2-111　渐变色
　为树脂拉链形态 　　　　　　　　　　　　　　　　　　　　上色 　　　　　填充

■ 第五节　皱褶画笔的绘制、保存及使用

　　服装上的皱褶、花边，也是装饰服装的常见元素。将皱褶或者花边绘制为一个单元，然后将其设置为画笔，保存到画笔库中，需要时打开用户定义下保存的画笔库，单击存储的画笔，使其显示在画笔面板上，点选使用，即可直接绘出单元循环重复的皱褶、花边。自行设置的皱褶、花边画笔与系统中自带的画笔功能相同，不但能绘制直线，还能绘制曲线和折线。我们可以将服装上常用的抽褶、工字褶、木耳边、荷叶边等绘制完成后，设置为画笔保存，能够极大地提高绘制款式图、效果图的速度。

一、抽褶画笔的绘制

　　抽褶画笔的绘制步骤如下。

　　1. 在控制栏将"填充"选为"无"，"描边"选取"黑色"，"粗细"选为"1pt"，如图2-112所示。然后点击菜单栏"视图"菜单下"标尺"子菜单"显示标尺"，如图2-113所示。

图2-112　控制栏参数设置

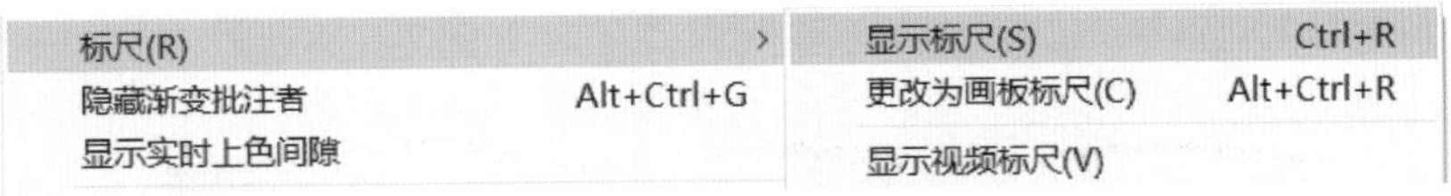

标尺(R)	>	显示标尺(S)	Ctrl+R
隐藏渐变批注者	Alt+Ctrl+G	更改为画板标尺(C)	Alt+Ctrl+R
显示实时上色间隙		显示视频标尺(V)	

图2-113　"显示标尺"命令

2. 工作区边缘显示出标尺。鼠标左键放在标尺位置向下拖拉，拉出水平标尺线，如图2-114所示。将水平标尺线拖拉至工作区中部。

图2-114　水平标尺线

3. 双击"直线段工具"，弹出"直线段工具选项"对话框，在"长度"参数后输入"30mm"，"角度"参数后输入"0°"，"线段填色"项不勾选，将确认后的30mm的线段移动到标尺线上，如图2-115所示。

图2-115　直线段设置

4. 使用"锁定工具"暂时将标尺锁定。使用"添加锚点工具"在线段上不等距添加五个锚点，如图2-116所示。

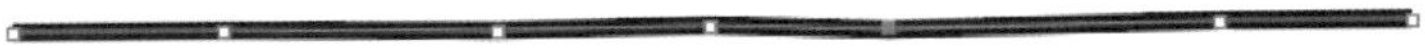

图2-116　添加五个锚点

5. 使用"直接选择工具"逐一点击选中添加的锚点，轻微移动使其呈现折线状态，单击控制栏中的"将所选锚点转换为平滑"命令 ，所选锚点部分的线段由折线转为平滑曲线，所有锚点处理完成后，线段成为一条起伏不大的波纹线，如图2-117所示。

图2-117　起伏不大的波纹线

6. 确认波纹线的首尾两端在同一水平标尺线上，如图2-118所示。

图2-118　波纹线首尾在同一水平标尺线上

7. 选用"钢笔工具"，以波纹线为起点，向上画数条长短不一、弧度微小的曲线，如图2-119所示（"钢笔工具"绘制弧线的方法是："钢笔工具"在波纹线上先点击一点，松开鼠标左键后点击第二点；点击第二点后，在不松开鼠标左键的情况下，轻轻拖拉鼠标，两点间的直线随鼠标的拖拉变为弧线；按住键盘上的Ctrl键，鼠标左键在空白处单击，线段的绘制结束。线段的长度由两点间的距离决定，线段的弧度与鼠标拖拉的幅度相关）。

8. 使用"选择工具"框选所有绘制的弧线，然后鼠标左键点击控制栏中的"变量宽度配置文件"的下拉菜单，点选"宽度配置文件4"，如图2-120所示，则弧线变为由粗到细的弧线。

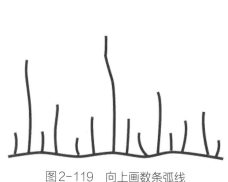

图2-119　向上画数条弧线

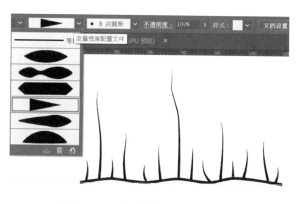

图2-120　点选"宽度配置文件4"

9. 在所有弧线被选定的状态下，鼠标左键双击"旋转工具"，调出旋转对话框，如图2-121所示，设置"角度"参数为"180°"后，单击"复制"，所有弧线被倒转复制。

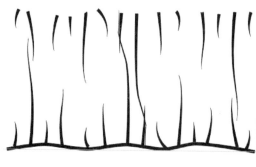

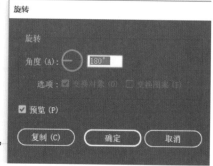

图2-121　设置角度参数与复制

10. 使用"选择工具"逐一选定弧线，将其移动到波纹线的下侧，注意长短线的错落配置和弧线较粗的一端要搭接在波纹线上，如图2-122所示。

11. 解锁、删除标尺线后，将所有元素框选，在控制栏将线条"粗细"选为"0.5pt"，按快捷键"Ctrl+G"编组。

12. 向"画笔"面板拖动线条组，当"画笔"面板边缘出现蓝色光标时，如图2-123所示，松开鼠标左键，弹出"新建画笔"对话框，选择"图案画笔"后确定。

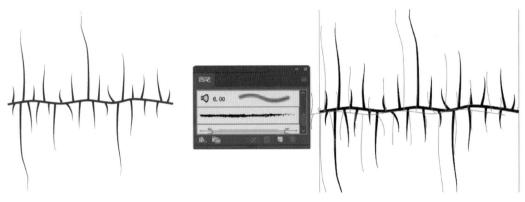

图2-122 注意弧线错落配置　　　　　图2-123 "画笔"面板

13. 在随后弹出的"图案画笔选项"对话框中如图2-124所示设置参数。"名称"设为"单线抽褶"，"缩放"选为"固定"，"最小值"设定为"50%"，"最大值、间距"不调整，"外角拼贴"和"内角拼贴"都选择"自动居中"，"边线拼贴"选择"原始"，其他项不动，然后点击确定。

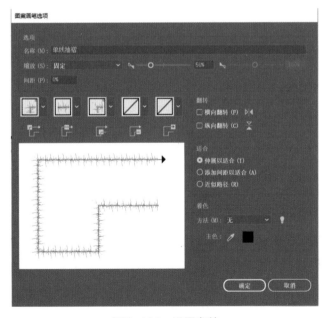

图2-124 设置参数

14. "单线抽褶"画笔设置完成。点击画笔工具，在页面上绘制曲线、折线，检验画笔的绘制效果，如图2-125所示。

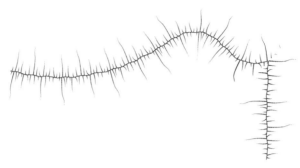

图2-125 "单线抽褶"画笔

二、工字褶画笔的绘制

工字褶画笔的绘制步骤如下。

1. 点选"矩形工具"后，鼠标左键在页面空白处单击调出"矩形"对话框，"宽度"后的参数输入"30mm"，"高度"后的参数输入"10mm"，确定后得到30mm×10mm矩形。

2. 拉出两条垂直标尺线，对应水平标尺的尺码，使两条标尺线相距30mm，将矩形移动到两条标尺线之间，如图2-126所示。

3. 再拉出一条垂直标尺线，放在矩形垂直中心线上。使用"添加锚点工具"在矩形的上边框添加锚点，中心线两侧各添加四个锚点，如图2-127所示。

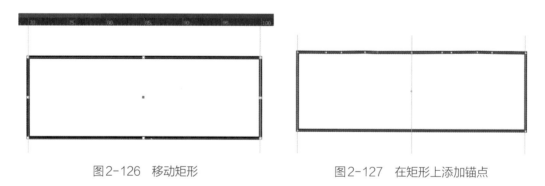

图2-126 移动矩形   图2-127 在矩形上添加锚点

4. 使用"直接选择工具"向下移动添加的左侧第二个锚点，使其置于左侧第一个锚点的左下方，移动左侧第三个锚点，将其置于第四个锚点的右下方。位置调整完成后，逐一选定锚点，点击"将所选锚点转换为平滑"，使线段的转角转换为平滑的曲线转角，并使用"手柄"调整曲线（被选定的锚点上会伸出两条"手柄"，调整手柄的长短和方向，都会影响曲线的形态），效果如图2-128所示。另一边也按同样方式进行操作。

5.再拉出一条水平标尺线，放置在调整后的矩形上端，调整两个上转角的点，使其都处在同一水平标尺线上，如图2-129所示。

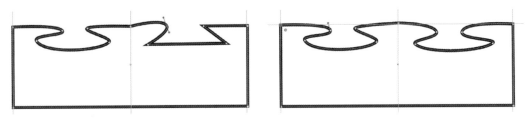

图2-128　使用"手柄"调整曲线　　　　图2-129　调整上转角的点

6.在"直接选择工具"状态下，逐一点选原矩形的四个角点，选中后点击控制栏"在所选锚点处剪段路径" ，然后用"选择工具"将两条垂直边移动出来，如图2-130所示，删除。

7.使用"钢笔工具"绘制四条弧线如图2-131所示。注意弧线的起点在曲线的转弯处，且一定要与曲线的转弯点重合。四条弧线的终点一定要落在下方的直线上。

图2-130　移动两条垂直边　　　　　　图2-131　绘制4条弧线

8.删除下方直线。使用"钢笔工具"绘制四条短弧线，注意起点和终点位置，如图2-132所示。

9.使用"选择工具"框选所有元素，按快捷键"Ctrl+G"编组，模拟的工字褶完成。

10.拖动模拟的一组褶皱到"画笔"面板上，如抽褶画笔绘制步骤12、步骤13操作，"名称"设置为"工字褶"。

11.使用"工字褶"画笔试画，如果出现接头处未连接的情况，如图2-133所示，要将设置的画笔删除，按快捷键"Ctrl+Z"退回几步，重新调整模拟的工字褶褶皱。

图2-132　绘制4条短弧线　　　　　　图2-133　接头处未连接

12. 调整模拟工字褶的上缘曲线的长度，使其整体达到30mm；再调整两端锚点，在同一水平标尺线上，这样再设置为画笔后，线段间才能无缝连接，如图2-134所示。

图2-134　调整模拟工字褶上缘曲线的长度

三、木耳边的绘制

木耳边的绘制步骤如下。

1.使用"铅笔工具" ✏️ 绘制一条曲线，如图2-135所示。如果感觉效果不理想，可以用"直接选择工具"对线条形状进行调整。

图2-135　绘制一条曲线

2. 拉出一条水平标尺线，放置在曲线水平中心线附近，将水平标尺线用"对象"菜单下的"锁定"将其锁定，调整曲线的首尾两个端点，使其路径上的端点（蓝色空心小方框或实心方块）落在水平标尺线上，如图2-136所示。

图2-136　调整曲线的首尾两个端点

3. 再拉出一条水平标尺线，放置在曲线上部后锁定。"铅笔工具"从水平标尺线向曲线方向绘制长短不一的微弧线，注意对应曲线凸起部分的弧线稍长，对着曲线凹下部分的弧线稍短，同时注意线条的疏密排布，如图2-137所示。

图2-137　绘制长短不一的微弧线

4.“选择工具”框选所有绘制的弧线，然后鼠标左键点击控制栏中“变量宽度配置文件”的下拉菜单，点选“宽度配置文件4”，如图2-138所示，则弧线变为由粗到细的弧线。

图2-138　弧线变为由粗到细的弧线

5.在曲线凸起部位的内部画出如图2-139所示褶皱的线，线条调整稍细些，以示与曲线和皱褶线的区别。

图2-139　在曲线凸起部位内部画褶皱的线

6.“选择工具”框选所有元素，按快捷键“Ctrl+G”编组。

7.拖动模拟的一组花边到“画笔”面板上，如抽褶画笔绘制步骤12、步骤13操作，“名称”设置为“木耳边”。

8.使用“木耳边”画笔试画，检验木耳边的效果，如图2-140所示。

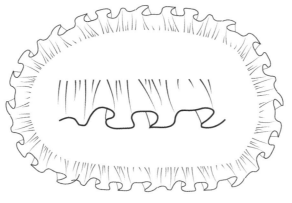

图2-140　“木耳边”画笔

服装用本布面料装饰的还有荷叶边。荷叶边与木耳边的区别是荷叶边较宽些，一般在5cm左右，木耳边较窄，一般3cm上下。设计者可以依此方法尝试绘制荷叶边。

四、褶皱和花边库的保存、使用

褶皱和花边库的保存、使用步骤如下。

1. 将"画笔"面板上的原系统画笔逐一选中，然后点击面板右下角的"删除画笔"工具将其删除，如图2-141所示。

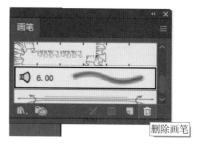

2. 鼠标左键点击"画笔"面板右上角的"面板选项"命令 ，在其子菜单中找到"存储画笔库"命令单击，如图2-142所示。

图2-141 "删除画笔"工具

3. 在弹出的对话框中将文件名设置为"皱褶花边画笔"后，保存。

4. 存储"皱褶花边画笔"的画笔库被保存。使用自行设置的画笔时，在"画笔"面板左下角的"画笔库菜单"的下拉菜单，"用户定义"中可以找到存储的"皱褶花边画笔"，如图2-143所示。

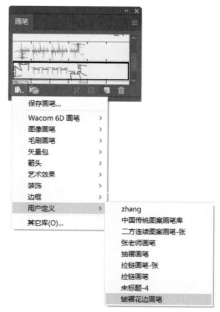

图2-142 "存储画笔库"命令　　　　图2-143 "皱褶花边画笔"被保存

5. 逐一点击"皱褶花边画笔"中的画笔，将自行设置的画笔转存到"画笔"面板上。

6. 点选"画笔"工具，绘制一条直线。鼠标左键单击"画笔"面板上的"工字褶"画笔，直线显示为工字褶的形态，如图2-144所示。

图2-144 "工字褶"画笔

7. 如图2-145所示，在"工字褶"被选定的状态下，点击"对象"菜单下"扩展外观"命令，被选定状态由选定一条线变为框选整个"工字褶"，如图2-146所示。

图2-145　选定"工字褶"

图2-146　框选整个"工字褶"

8. 在"工字褶"被选定的状态下，几次点击"右键菜单"中的"取消编组"，直至打开右键菜单时，菜单中不再含有"取消编组"命令，而显示的是"编组"命令，如图2-147所示，表示对象的编组被全部取消，此时各部分线条都是分离的状态。

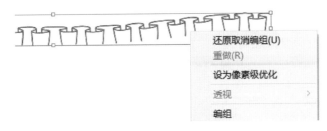

图2-147　"编组"命令

9. "选择工具"点击曲线前部，如图2-148所示，只有小部分曲线被选中。

图2-148　选中小部分曲线

10. 点击"直接选择工具"，在被选曲线的末端拉出选取框，如图2-149所示。此时两条首尾相接的线都被选中，鼠标左键点击控制栏中的"连接所选终点"命令 ，将两条曲线连接成一条。如此反复数次，将数条曲线连接成一条曲线。

图2-149　拉出选取框

11. "钢笔工具"点击曲线末端的锚点，如图2-150所示，然后沿着"工字褶"底部绘制线条回到曲线起点处，如图2-151所示，"钢笔工具"点击起点处的锚点。

图2-150　点击曲线末尾的锚点

图2-151　点击起点处的锚点

12. 点击"填充"工具后，鼠标左键在"色板"面板上选取颜色，"工字褶"被选中的颜色填充，如图2-152所示。

图2-152　为"工字褶"填充颜色

13. 单击鼠标右键调出右键菜单，点击其中的"排列"子菜单下的"置于底层"命令，将填充颜色的部分调至底层，效果如图2-153所示，绘制的线条全部显示出来。

图2-153　填充颜色调至底层

14. "选择工具"框选"工字褶"的上半部分后，鼠标左键选用工具箱中"形状生成器工具组"下的"实时上色工具"  ，鼠标左键在"色板"上选取颜色后（注意选取的颜色，要与已填充颜色在同色系中且颜色稍深），鼠标左键移动到选区时，光标显示为实时上色工具，点击"工字褶"的内褶，如图2-154所示。"工字褶"颜色被填充完成。

图2-154　点击"工字褶"内褶

15. 将"工字褶"复制、组合，能够作为服装门襟、领口、袖口等处的装饰，如图2-155所示。

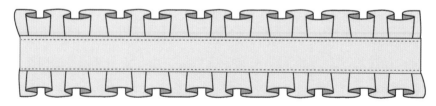

图2-155　"工字褶"完成

1. 路径查找器面板上的命令，通过联集、挖孔、交集、差集等操作可以制造出复杂的图形。

2. "选择工具"与"直接选择工具"的名称和工具样貌都很接近，但"选择工具"具有选定对象、移动对象、放大缩小对象以及配合 Alt 键复制对象等功能，"直接选择工具"却是通过移动对象的锚点来改变对象的外形，二者对对象的操作结果完全不同。

3. "斑点画笔工具"画出的实心线条，可以直接用"填色、描边转换工具"转换为空心线条。

4. "描边"面板上可以设置线条的颜色、粗细以及端点形态，还可以将线条设置为虚线，虚线的长度、虚线与虚线间的距离都可以设置。

5. "渐变"面板上，有"线性渐变""径向渐变"和"任意形状渐变"。"线性渐变"的渐变是从上到下、从左到右；"径向渐变"的渐变从中心向四周发散。

6. 自己建立的"符号库"和"画笔库"是真正的宝库，真正能做到一次设置、终身使用。

思考题

1. 将四孔纽扣、日字扣、牛角扣表现为天然材质，如何操作？

2. 除了书中教到的常规纽扣，特殊纽扣的外形使用哪种工具及面板能绘制出来？

3. 高端服装的服饰配件上常带有品牌标志，设计时如何实现？

4. 自行设置的符号库，如何使用？

5. 怎样做出"工字褶"画笔，且使用时具有与系统自带画笔相同的功能，如可画曲线及可填入任何颜色？

6. 设置"拉链画笔"时，为什么要在拉链齿的下方绘制一个与拉链齿同高同宽的隐形的矩形？

第三章

服装图案的设计绘制

课题名称：服装图案的设计绘制

课题内容： 1. JPG格式图片转化独立图形的设计绘制

2. 文字图案的设计绘制

3. 二方连续图案的设计绘制

4. 四方连续图案的设计绘制

课题时间：8课时

教学目的：使学生掌握再设计图案的方法同时，结合中国传统图案进行思政教育。

教学方式：理论教学＋实践操作训练

教学要求： 1. 学生掌握使用"置入""移动""旋转""对齐""比例缩放""路径""剪切蒙版"等工具、命令的方法。

2. 学生掌握"图像描摹""画笔""色板"等面板的使用方法。

3. 学生掌握自行建立色板图案、画笔的方法。

课前准备：学生课前查找并下载中国传统图案作为原始资料。

图案在服装中的应用十分广泛，从面料的图案设计到服装标志装饰，都是图案在服装上运用的具体体现，而且无论中西方，图案在服装中的运用都贯穿了整个服装发展的历史。服装图案不仅是一门艺术，更是一种文化，尤其是中国传统图案，其装饰题材广泛、表现形式多样、色彩丰富协调、制作工艺精湛，形成了独具中国民族特色的图案体系，对于东方乃至世界的装饰图案都产生了重要的影响，是人类文化宝贵的艺术遗产之一。

服装图案可以分为独立形和连续形两大类。独立形又可分为单独式、适形式和边角式。独立形图案常常采用可以表达个人性格的潮流图片，图片处理后可以放在任何设计位置。连续形有四方连续、二方连续等图案形式。四方连续是纺织面料装饰的主要形式；二方连续是带状装饰，多用于服装的边缘部位，或者出现在头巾等规则几何形服饰的边缘装饰中。

■ 第一节　JPG格式图片转化独立图形的设计绘制

一、JPG格式图片在服装设计中的应用

此节方法处理出的图片，可以缩放任意大小、设置任何颜色和图案，放在前胸、后背、袖口等位置装饰服装。

二、JPG格式图片转化独立图形的设计绘制步骤

JPG格式图片转化独立图形的设计绘制步骤如下。

1. 双击打开AI软件后，新建文件，命名文件为"独立图案"，设置文件大小为A4尺寸，且将方向设为横向后点击创建。

2. 点击菜单栏中的"文件"拉出下拉菜单，点击"打开"命令，将绘制保存的"T恤"文件打开。此时工作区中同时打开两个文件，如图3-1所示。AI软件可以同时打开多个文件，以利于文件中的资源共享。工作区内显示哪个文件的内容，则该文件的标题以更明显的白色显示在工作区上方。

3. 在"T恤"文件中，选中T恤，按快捷键"Ctrl+C"拷贝，然后点击"独立图案"文件标题，按

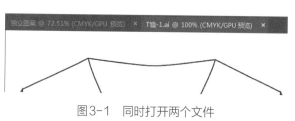

图3-1　同时打开两个文件

快捷键"Ctrl+V"，将T恤复制到"独立图案"文件中。点击菜单栏"对象"调出下拉菜单，点击"锁定"子菜单中的"所选项目"，将T恤锁定。

4. 单击工具箱"画板"工具 ，按住鼠标左键在原画板下方再调出一块画板，如图3-2所示。

图3-2　调出一块画板

5. 菜单栏点击"文件"拉出子菜单，点击"置入"命令，将事先存好的JPG格式图片置入"画板2"中。注意置入时将图集下方的"链接""模板""替换""显示导入选项"前的小方框内全部清空，点击"置入"，如图3-3所示。

6. 拖拉鼠标左键，显示"置入"的图片。图片在被选定的状态下，鼠标光标放在图片右下角，按住鼠标左键拖拉来调整图片的大小，将图片大小调整为A4纸宽度的1/4左右。

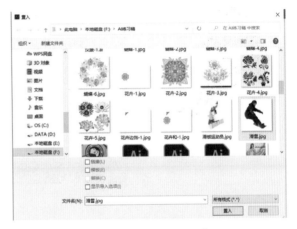

图3-3　点击"置入"

7. 确认图片在被选定的状态下，同时按住Alt和鼠标左键拖拉，复制出两个同样大小的图片。

8. 点击菜单栏中"窗口"下拉菜单中的"图像描摹"面板。"图像描摹"面板单独出现在屏幕上，将其调至合适位置，如图3-4所示。

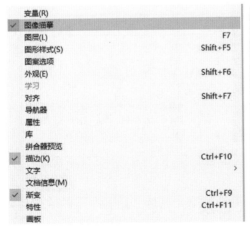

图3-4　"图像描摹"面板

9. 选中复制的第一幅图片，对"图像描摹"面板上的参数进行设置："预设"选择"默认"，"视图"选择"描摹结果"，"模式"选为"黑白"，勾选预览前的小方框，然后拖动阈值的滑块，当图片中的图形全部变成黑色时，点击"描摹"，将图形变成全黑色，如图3-5所示。

10. 在复制的第一幅图片被选定的状态下，点击控制栏中的"扩展" ，然后选中工具箱中的"魔棒"工具，在空白处点击后，效果如图3-6所示。单击键盘上Delete工具将白色背景删除。

图3-5　调整参数

图3-6　使用"魔棒"后的效果

11. 点击工具箱中的"互换填色与描边"工具，如图3-7所示，则之前全黑剪影的图变为黑框空心的轮廓图，如图3-8所示。

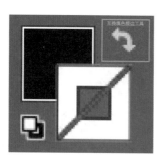

图3-7　"互换填色与描边"工具

图3-8　黑框空心轮廓图

12. 点击菜单栏中的"对象"拉出子菜单，点选"路径"下的"偏移路径"，如图3-9所示。

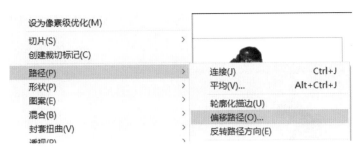

图3-9 "偏移路径"命令

13. 在弹出的对话框中设置参数，"位移"设为"1mm"，"连接"选择"圆角"，"斜接限制"设为"1"，勾选预览前面的小方框，如图3-10所示，确定。（此对话框中，连接后的选项还有"斜接"和"斜角"，不同的选择会使边缘线的转角形状各异。）

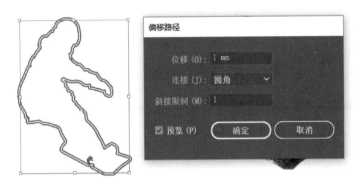

图3-10 设置参数

14. 调出右键菜单，点击"取消编组"命令，确认后，鼠标左键选中两层轮廓线中的内部线条，删除。

15. 选中复制的第二幅图片，对"图像描摹"面板上的参数进行设置："预设""视图""模式"的设置同步骤9，勾选预览前的小方框，然后拖动阈值的滑块，当图片中的图形黑白色的搭配比较合适时，如图3-11所示，点击"描摹"。

16. 同步骤10的操作，"扩展"后利用"魔棒"，将第二幅图片的白色背景和多余部分删除。

17. 鼠标左键拖拉处理后黑白搭配的图片，将其移动到轮廓线图上，框选两个图形，然后点击控制栏中

图3-11 拖动阈值滑块寻找合适搭配

的"水平居中对齐"和"垂直居中对齐"，将两个图形的中心对齐，如图3-12所示。

18. 分别选中图形的填色和描边，点击色板中的颜色（图形与边框颜色可以选不同颜色），图形与边框颜色随之变化，如图3-13所示。

图3-12　两个图形中心对齐　　　　　　　图3-13　调整颜色

19. 框选整个图形，按住 Alt 键可复制多个图形，各种设计组合，如图3-14所示。

图3-14　复制图形

20. 将处理好的图形放在T恤的设计位置上即完成操作，如图3-15所示。

图3-15　T恤图案设计

第二节 文字图案的设计绘制

一、文字设计在服装设计中的应用

以多种字体和字形的文字作为设计元素来装饰服装，现在非常流行。文字在设计上不仅具有灵活性，而且有丰富的表现力，经过软件简单设计，就可以形成风格各异的图案，装饰在服装上，能够增强服装的个性特征和辨识度。

二、文字图案的设计绘制步骤

文字图案的设计绘制步骤如下。

1. 双击打开AI软件后，新建文件，命名文件为"文字图案"，设置文件大小为A4尺寸，且将方向设为横向后点击创建。

2. 点选工具箱中的"文字"工具后，鼠标左键在页面空白处轻击，出现文字工具的占位符，删除后，打上设计的文字。

3. 将文字选中，点击菜单栏"对象"下的子菜单"扩展"命令，如图3-16所示，弹出"扩展"命令对话框，勾选对象和填充后确定，如图3-17所示。

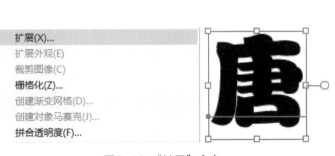

图3-16 "扩展"命令   图3-17 "扩展"命令对话框

4. 在文字被选中的状态下，鼠标左键点击工具箱中的"填色与描边互换工具" ，使"描边"变为"黑色"，中心填充为"透明色"，如图3-18所示。然后在"描边"面板上将"粗细"选为"0.5pt"，如图3-19所示（如果描边面板没显示在工作区内，到菜单栏中的"窗口"子菜单中找到"描边"，鼠标左键点击即可调出"描边"面板）。

图3-18　文字中心填充透明色　　　　　图3-19　设置参数

5. 单击工具箱中"宽度工具组"下的"晶格化工具"，如图3-20所示（双击"晶格化工具"则会弹出"晶格化工具"的对话框，在对话框中能够设置"画笔宽度"等参数），使用变成"圆"的光标拖拉字体的边角，将字体变为如图3-21所示的模样。

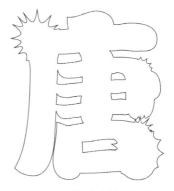

图3-20　点击"晶格化工具"　　　　　图3-21　拖拉字体的边角

6. 单击工具箱中"宽度工具组"下的"旋转扭曲工具"，如图3-22所示（双击"旋转扭曲工具"则会调出旋转扭曲工具的对话框，在对话框中能够设置"画笔宽度"等参数），使用变成"圆"的光标拖拉字体的边角，将字体变为如图3-23所示的模样。

图3-22　单击"旋转扭曲工具"　　　　　图3-23　改变字体形态

7. 在文字被选中的状态下，点击菜单栏中"对象"子菜单中的"偏移路径"，如图3-24所示。弹出偏移路径对话框，将"位移"选项的数值设为"2mm"，"连接"选项选择"斜接"，"斜接限制"选项的数值设为"4"，勾选预览查看效果，如图3-25所示，然后点击确定。

图3-24 "偏移路径"命令

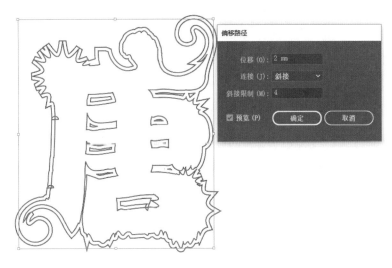

图3-25 设置参数

8. 确定后，在确认两层图形都被选中的状态下，点击鼠标右键调出右键菜单，选择"取消编组"点击，如图3-26所示，将内外两层的文字图形拆分为大小两个部分。此时大些的文字天然成一组（无论汉字和英文字母），鼠标左键点击任何一个文字，其他部分也都会被选定；内部小些的文字，如果是英文，则每个字母成为独立个体，汉字则依然是一个整体。

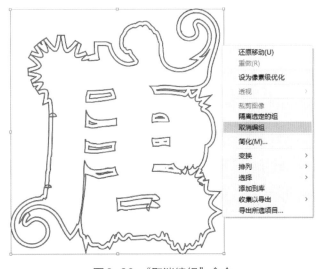

图3-26 "取消编组"命令

9. 在"新建"菜单下，点击"置入"命令，在打开的文件夹中，找到课前准备的具有传统文化元素的JPG格式的文件，将其置入页面中。

10. 在"选择工具"状态下，鼠标左键拖拉文字的内部路径，移动到JPG图片上，调整到适合的位置（注意文字路径所框选图片内的图案及色彩），按住Shift键，鼠标左键点击JPG图片，在文字路径和图片都被选中的状态下，点击鼠标右键，调出右键菜单，单击"建立剪切蒙版"命令，如图3-27所示。

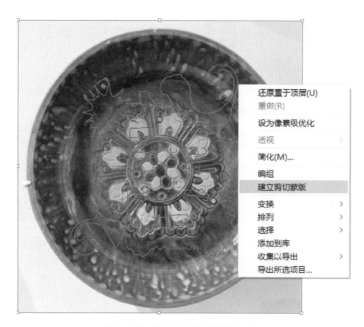

图3-27 "建立剪切蒙版"命令

11. 调出"描边"面板，选中文字外层的路径，将描边的"粗细"选为"2pt"，如图3-28所示。

12. 将用JPG图片填充的小图形移动到大图形中，居中对齐，如图3-29所示。

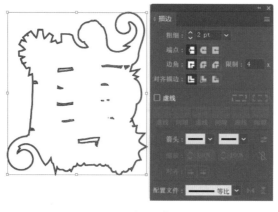

图3-28 "描边"面板   图3-29 调整图形位置

13. 框选所有文字元素，点击鼠标右键调出右键菜单，选择"编组"命令，将其合成一个整体。经过上面的操作，由文字变化、组合的图案就设计完成。

第三节　二方连续图案的设计绘制

一、二方连续图案及其在服装设计中的应用

二方连续图案，是指单独纹样以线状的方式重复出现，形成线型图案。二方连续图案的题材内容十分丰富，如植物、动物、器物等都是灵感来源；组织形式也灵活多变，如散点式、直立式、上下式、波纹式等，图案或简练单纯，或复杂烦琐，风格多样。使用二方连续图案来加固和装饰服装的手法，在中国历史悠久，清代中晚期尤其盛行，当时绣有二方连续图案装饰的服装，其边缘装饰，少则一二道，多则十几道，甚至出现风靡一时的"十八镶"。在现代服装上，使用二方连续图案装饰也是常用的服装装饰手法。

二、二方连续图案的设计绘制步骤

二方连续图案的设计绘制步骤如下。

1. 双击打开 AI 软件后，新建文件，命名文件为"二方连续图案"，设置文件大小为 A4 尺寸，且将方向设为横向后点击创建。

2. 点击菜单栏中的"文件"调出下拉菜单，点击"打开"命令，将之前存好的汉服文件打开，将汉服选中并复制到"二方连续图案"的文件中。

3. 选中汉服文件，点击菜单栏"对象"拉出下拉菜单，点击"锁定"子菜单中的"所选项目"，将文件锁定。

4. 点击菜单栏中的"文件"调出下拉菜单，点击"置入"命令，将之前下载的图案文件打开并置入"二方连续图案"文件中，如图 3-30 所示。

5. 选中图案图片，点击控制栏中的"裁剪图像"命令，调整图像上的裁剪框，只框选所选用的图案，如图 3-31 所示，然后点击回车键，剪裁图案。

图 3-30　图案置入文件中

图3-31 框选所用图案

6. 点击控制栏中"图像描摹"子菜单中"剪影"命令，将原JPG格式的图片处理为矢量文件，如图3-32所示，然后点击控制栏中的"扩展"命令，将描摹对象转换为路径，再点击工具箱中的"魔棒"工具，用"魔棒"点击图片上的空白处后，单击Delete，清除图案底色。

图3-32 "剪影"命令

7. 鼠标左键拖拉图形至"画笔"面板，光标在"画笔"面板边缘变成蓝色时，如图3-33所示，松开鼠标左键。

8. 在弹出的"新建画笔"对话框中，点选"图案画笔"，如图3-34所示，确定。

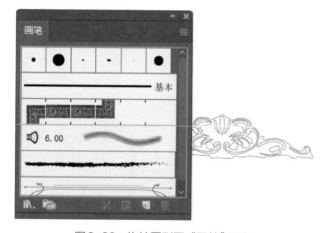

图3-33 拖拉图形至"画笔"面板

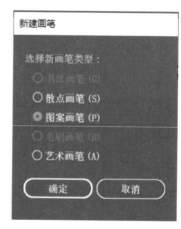

图3-34 点选"图案画笔"

9. 在"图案画笔选项"对话框中设置参数，如图3-35所示。"名称"为"中国传统图案画笔5"，"缩放"参数为"固定"，"最小值"为"30%"，"间距"为"0%"，设置"外角拼贴"和"内角拼贴"为"自动居中"，"边线拼贴"为"原始"，其他项不更改，然后确定。

10. 确定后，图案画笔显示在"画笔"面板的下拉选项中，如图3-36所示。

11. 将控制栏中的"填色"和"描边"参数都设置为"无"，如图3-37所示。

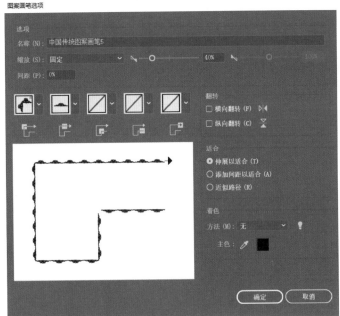

图3-35　设置参数

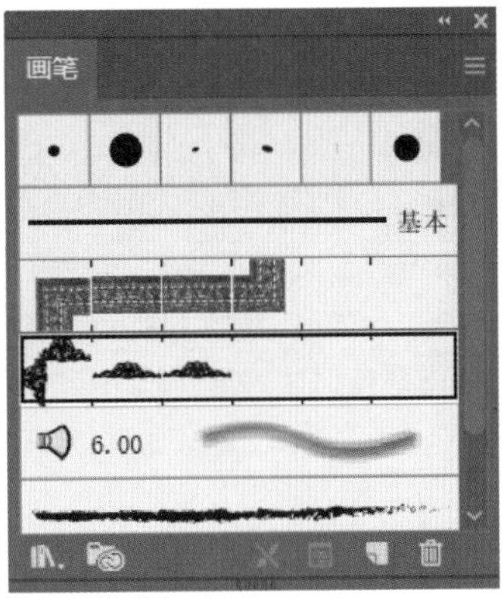

图3-36　"画笔"面板

图3-37　相关参数设置为"无"

12. 使用"画笔"工具，绘制直线、曲线、折线，如图3-38所示，了解画笔可绘制的效果。

13. 选用"画笔"工具，沿汉服的领口边线绘制线条，显示画笔所绘图案的大小与汉服领口比例不匹配，如图3-39所示。

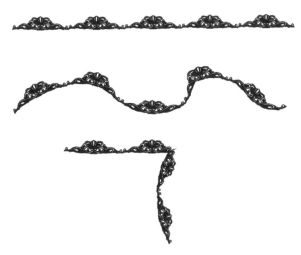

图3-38　绘制效果

图3-39　尝试绘制领口边线

14. 鼠标左键双击"画笔"面板上的"中国传统图案画笔5"选项栏，调出"图案画笔选项"对话框，将其中的"最小值"参数调整为"10%"，如图3-40所示，确定。

第三章　服装图案的设计绘制

093

Adobe Illustrator 服装设计实例训练教程

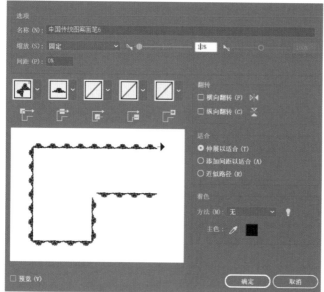

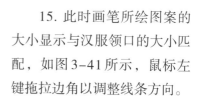

15. 此时画笔所绘图案的大小显示与汉服领口的大小匹配，如图3-41所示，鼠标左键拖拉边角以调整线条方向。

16. 将汉服的边缘用"中国传统图案画笔5"装饰，如图3-42所示。经过以上操作，既设计了二方连续图案，又使用二方连续图案方便快捷地装饰了汉服。

图3-40 调整参数

图3-41 调整画笔与汉服领口相匹配

图3-42 调整装饰

第四节　四方连续图案的设计绘制

一、四方连续图案及其在服装设计中的应用

四方连续图案是指单独纹样以面状的方式重复出现，形成面型图案。四方连续图案常常应用在染织面料的图案设计中。

二、四方连续图案的设计绘制步骤

四方连续图案的设计绘制步骤如下。

1. 在网页上搜索"中国传统图案"，下载后按照题材分类，如植物类、动物类、器物类等。

2. 打开AI软件，建立A4标准文件，将文件横置。

3. 将下载的图案图片通过"文件"菜单下子菜单"置入"到新建文件中。

4. 选中图案图片，用控制栏中"图像描摹"命令下的"剪影"将图片处埋，然后点击控制栏中的"扩展"命令，将描摹对象转换为路径，再点选工具箱中的"魔棒"工具，用"魔棒"点击图片上的空白处，清除图案背景色。

5. "选择工具"框选处理过的图片，然后用"取消编组"命令将图案中各个组合元素分离（注意："取消编组"命令能将图案中各个不连接的图形元素分离为独立个体），然后鼠标左键在空白处点击确认。

6. 使用"选择工具"将看起来是一组的图形框选，然后点击鼠标右键，在显示的右键菜单中，左键点击"编组"命令，鼠标左键在空白处点击确认。将处理好的图形排列候用，如图3-43所示。此时的图形只要选中即可填充任何色彩。

图3-43　备选图形

7. 点选工具箱中的"矩形"工具，然后在图纸空白处左键点击，在弹出的"矩形"对话框中，将矩形的"长和高"都设置成"80mm"，点击确定后，图纸上会生成边长80mm正方形。如果生成的正方形填充了黑色，点击工具箱中的"填色和描边互换" 🔄 的命令将正方形设置为黑框、中间无填充色的形态。

8. 使用"选择工具"将处理好的图形，移动到正方形中。先将准备放在正方形中心位置的图形移动到正方形中心附近，填充选定的颜色，调节图形的大小，使之与正方形的大小符合比例美感，然后框选正方形和图形，在控制栏中点击"水平居中对齐"和"垂直居中对齐"，如图3-44所示。

9. 工具箱"选择"工具点选正方形，点击菜单栏中的"对象"菜单，在"对象"菜单的下拉菜单中找到"锁定"命令，点选锁定所选图形命令（此步骤注意防止在调整各个图形的过程中，正方形被移动位置）。

10. 选择一个适合放在角落位置的角隅纹样，放在正方形内角位置，调整合适大小，然后鼠标左键双击工具箱中的"旋转工具"，在弹出的对话框中，将"旋转角度"设置为"90°"，点击"复制"，将复制出的角隅纹样拖拉至适合的正方形直角处，如此再操作两次，将正方形的四个内角都用适合的角隅纹样填充，如图3-45所示。

图3-44 调整两图形位置

图3-45 用角隅纹样填充正方形的内角

11. 选择一个图形，放在正方形的垂直左边线上，然后点击菜单栏"对象"菜单，在下拉菜单中找到"变换"菜单的子菜单，如图3-46所示，选择"移动"命令，在弹出的对话框里设置"水平移动""80mm"，"垂直移动"为"0"，其他项也都选择"0"，然后点击"复制"，如图3-47所示。

12. 再选择一个图形，调节适合的大小和角度后，放在矩形的水平上边线上，然后点击菜单栏"对象"菜单，在下拉菜单中找到"变换"菜单的子菜单，选择"移动"命令，在出现的对话框里设置"水平移动""0mm"，"垂直移动"为"80mm"，其他项也都选择"0"，点击"复制"，效果如图3-48所示。

对象(O)	文字(T)	选择(S)	效果(C)	视图(V)	窗口(W)	帮助(H)

变换(T)	▶	再次变换(T)	Ctrl+D
排列(A)	▶	移动(M)...	Shift+Ctrl+M
对齐(A)	▶	旋转(R)...	
编组(G)	Ctrl+G	对称(E)...	

图3-46 "变换"菜单的子菜单

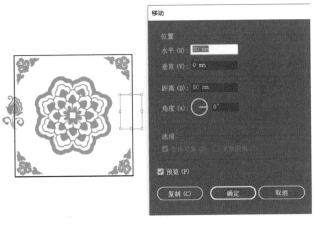

图3-47 "移动"命令   图3-48 调整后的图案效果

13.将其他装饰性图案插空摆放在适合的位置，如图3-49所示。

14. 点击菜单栏"对象"菜单，在下拉菜单中找到"全部解锁"命令，解除正方形的锁定状态。

15. 选定正方形，将其填上在色板中选定的米色，然后点击鼠标右键，在右键菜单中点选"排列"子菜单下的"置于底层"命令，将正方形移到底层，如图3-50所示。

图3-49 插空摆放装饰性图案   图3-50 将正方形移到底层

16. 回到"移动"工具的状态下，框选所有元素，调出"路径查找器"面板，点击

"路径查找器"面板上的"减去顶层"命令，如图3-51所示，图形在正方形框外的部分都被删除。

图3-51 "减去顶层"命令

17. 点击工具箱的"矩形工具"，再绘制一个边长为80mm的正方形，描边色设为"无"，填充"褐色"后，再在右键菜单中点选"排列"子菜单下的"置于底层"命令，如图3-52所示，将其放在最底层。

18. 回到移动工具的状态下，框选所有元素，减去边框，编组。

19. 将做好的图案拖拉放置在"色板"面板上，如图3-53所示。

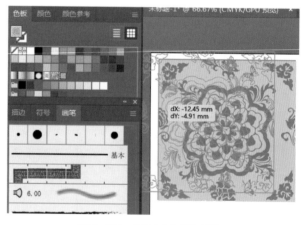

图3-52 褐色正方形放最底层　　　　图3-53 拖至"色板"面板

20. 使用"矩形工具"，画一个200mm×180mm的矩形，点击色板中刚刚做好的图案，四方连续图案就自动填满矩形，如图3-54所示。

21. 使用"画板工具"，在原工作区下方再绘制一张画板，复制填好图案的200mm×180mm矩形，移动到新画板上，双击工具箱中的"比例缩放工具" ，在弹

图3-54 四方连续图案填满矩形

出的对话框中设置参数，"等比"后的参数为"50%"，勾选"变换图案"前的方框，其他项不动。注意，如果勾选了"变换对象"，则矩形的长宽会跟图案一起缩短50%。确定后，缩小了一半的图案填满200mm×180mm矩形，如图3-55所示。

22. 此方法非常适合染织面料的图案设计，只需设计出一个基本图形，就可以充满不同形状、不同尺寸的空间，如图3-56所示，是用图案填满衣片。

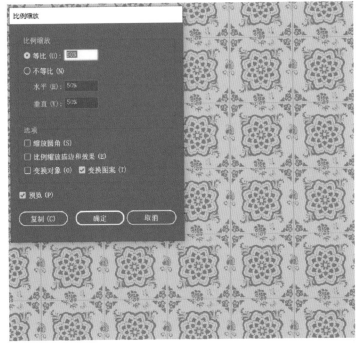

图3-55 "比例缩放工具"效果

图3-56 图案填满衣片

本章小结

1. 将 JPG 图片转换为独立图形，要先将图片进行"图像描摹""扩展"处理。"图像描摹""扩展"只有在选中图片后，才在控制栏显示，方便快捷，但精确参数的设置要在"图像描摹"面板上进行。

2. 变换"文字"外形时，先要将"文字"进行扩展处理，使描摹对象转换为路径后，才能使用"宽度工具组"下的各种工具将其变形。

3. 二方连续图案被设置为画笔，在使用时，不仅能画出直形、曲形、折形的图案，还可通过改变"新建图案"对话框中的改变"最小值"参数来调整画笔大小，使之画出的尺寸与装饰对象的大小匹配。

4. 将设计的独立图案存储成色板中的图案，图案就与色板上的其他色块一样，可以填充任意大小、形状的图形。图案的大小，可以使用"比例缩放"工具调节。

5. 对一个经"图像描摹"和"扩展"处理的图案，执行"取消编组"命令后，一次命令即可将图案中所有不连接的图形元素分离。

思考题

1. 置入 AI 中的 JPG 格式图片，经过"图像描摹"命令处理后，为什么接下来一定要使用"扩展"命令？

2. 第三章中的二方连续图案设置为画笔与第二章中的拉链设置为画笔，有哪些不同？为什么二方连续图案设置的画笔可以画弧线和折线，而拉链设置的画笔却只能画直线？

3. 绘制一个独立图案设置为四方连续图案时，为什么放置在边线上的对象，复制到另一边边框上时，一定要用在对话框中输入矩形的边框尺寸？

4. "剪切蒙版"命令都能剪切哪些格式的对象？

5. "宽度工具组"下的各种变形工具，能否将 JPG 格式的位图文件变形？

6. 中国传统图案的特点是什么？举例说明。

服装面料肌理的模拟绘制

第四章

课题名称： 服装面料肌理的模拟绘制

课题内容： 1. 牛仔面料肌理的绘制

2. 针织毛衣肌理的绘制

3. 人字呢面料肌理的绘制

4. 纱质面料肌理的绘制

5. 蕾丝面料肌理的绘制

6. 皮革、皮草面料肌理的绘制

课题时间： 12课时

教学目的： 通过模拟绘制服装常用面料，使学生
熟练掌握AI软件中做效果的命令，既
会使用软件，又熟悉服装面料。

教学方式： 理论教学+实践操作训练

教学要求： 1. 学生了解各种面料的基本特征。

2. 学生掌握"Illustrator效果"
"Photoshop效果"子菜单中各种命
令的使用方法，并能够搭配使用。

课前准备： 学生课前观察各种面料的特征。

第一节　牛仔面料肌理的绘制

牛仔面料不但具有布面纹路清晰、线条均匀、怀旧等特点，还可以通过磨白、抓痕、破洞等方式再造出新的风格面料。牛仔面料因其极强的可设计性，成为世界通用的服装面料。下面将结合牛仔面料再造，分几步讲解绘制步骤。

一、牛仔面料表面纹理模拟

牛仔面料表面纹理模拟步骤如下。

1. 点选工具箱中"矩形工具"，鼠标左键在页面空白处单击，调出"矩形"对话框，将矩形的"宽度"参数设置为"80mm"，"高度"参数设置为"110mm"。

2. 按住键盘上的Alt键，同时按住鼠标左键拖拉矩形，复制出两个矩形。将三个矩形不重叠地并列排列。

3. 将第一个和第二个矩形填充上蓝灰色，第三个矩形无填充颜色，如图4-1所示。

图4-1　为三个矩形填色

4. "选择工具"选定第二个矩形，在"效果"菜单下找到"像素化"，点击"像素化"子菜单中的"点状化"，如图4-2所示。

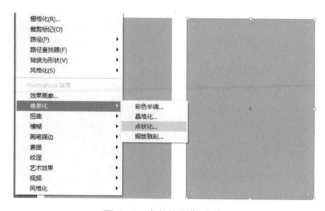

图4-2　"点状化"命令

5. 在"点状化"的对话框中将"单元格大小"设置为"3"，点击"确定"，如图4-3所示。

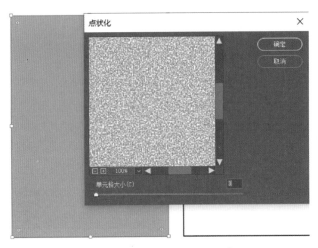

图4-3　设置"单元格大小"

6. 打开"透明度"面板，把"不透明度"后的参数调整为"20%"，如图4-4所示，回车键确定，然后将第二个矩形移动到第一个矩形上。

7. 点选工具箱中的"钢笔工具"，鼠标左键在页面上空白处点击后，向右上方45°倾斜画一条直线，线段长度超过矩形的宽度，如图4-5所示。然后按住键盘上的Ctrl键，鼠标左键再次在页面空白处单击，"钢笔工具"画线段结束。

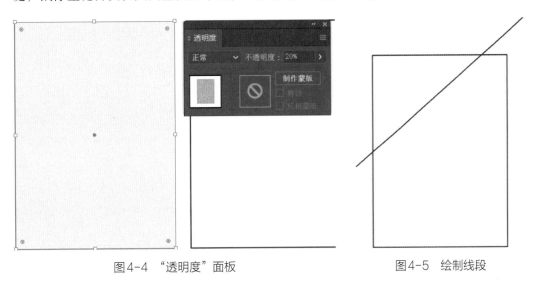

图4-4　"透明度"面板　　　　　　　　图4-5　绘制线段

8. 点选工具箱中"选择工具"，将控制栏中"描边"颜色选为"浅灰色"，线段"粗细"的参数选为"0.25pt"（参数大小可自行设定，数值大小影响面料的纹理效果）。

9. 同时按住键盘上的Alt键和鼠标左键，拖拉复制线段后，按键盘上的快捷键"Ctrl+D"，复制多条线段，复制线段的面积务必大于矩形面积，如图4-6所示。

10. 全选全部线段，使用快捷键"Ctrl+G"将所有线段编组，然后点选菜单栏"效果"菜单中"模糊"子菜单下的"高斯模糊"命令，如图4-7所示。

图4-6　复制多条线段　　　　　　图4-7　"高斯模糊"命令

11. 勾选高斯模糊对话框的预览，调整"半径"的大小，根据预览效果，如果每条线的条形还在，但边缘变得参差不齐时，点击"确定"，如图4-8所示。

12. 选中第三个矩形，点击鼠标右键调出右键菜单，使用"排列"子菜单下的"置于顶层"命令，然后将第三个矩形移动到的线条上，框选线条组和矩形，点击鼠标右键，点选右键菜单中的"建立剪切蒙版"，如图4-9所示。

图4-8　调整"半径"大小　　　　　　图4-9　"建立剪切蒙版"命令

13. 在透明度面板上将"不透明度"参数设置为"80%"，如图4-10所示，回车

Adobe Illustrator 服装设计实例训练教程

键确定后,将第三个矩形移动到第一、二矩形的合层上,框选三个矩形,按快捷键"Ctrl+G"编组。

14.牛仔面料的布面纹路部分完成,如图4-11所示。点击菜单栏"对象"菜单下"锁定"子菜单"所选对象",点击将其锁定。

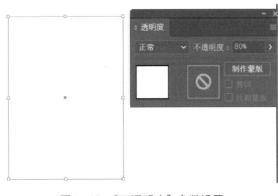 

图4-10 "不透明度"参数设置　　　图4-11　牛仔面料布面纹理
　　　　　　　　　　　　　　　　　　　　模拟效果图

二、牛仔面料的磨白效果模拟

牛仔面料的磨白效果模拟可分为大面积磨白效果模拟和大腿弯处的"猫须"磨白效果模拟。

(一)大面积磨白效果模拟步骤

1.点选工具箱"矩形工具组"中"椭圆工具",按住鼠标左键拖拉绘制一个长椭圆,在控制栏设置长椭圆的填充色为白色,无描边,将长椭圆移动到做完的牛仔纹理上,如图4-12所示。

2.长椭圆被选定的状态下,鼠标左键点击菜单栏"效果"菜单"Illustrator效果"下"风格化"子菜单中的"羽化"命令,如图4-13所示。

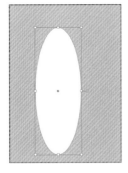 

图4-12　移动所绘椭圆　　　　图4-13　"羽化"命令

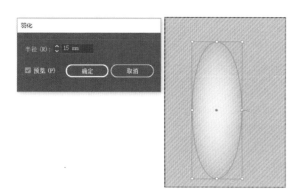

3. 勾选"羽化"对话框的预览，输入"半径"的数值观察预览框中的变化，效果满意后"确定"，如图4-14所示。如果效果依旧不理想，可以在"透明度"面板中调节"不透明度"的参数，达到理想效果。

图4-14　调整"半径"数值

（二）大腿弯处的"猫须"磨白效果模拟步骤

1. 在控制栏将"填充"色设为"无"，"描边"色设为"白色"，描边"粗细"为"2pt"。

2. 打开"画笔"面板，点击面板下方的"画笔库菜单"，点选"艺术效果"画笔子菜单中的"粉笔炭笔铅笔"，在弹出的对话框中，选择"Charcoal-Feather"画笔，"Charcoal-Feather"画笔显示在"画笔"面板上，如图4-15所示。

3. 单击工具箱中的"画笔工具"，按住鼠标左键在牛仔面料纹理的图上拖拉出带有微弧的线段，线段以所选画笔的形态显现，如图4-16所示。

4. 设置不同粗细尺寸的画笔，画出不同长度、不同形态的线段后，选中所有线段，在控制栏中将"不透明度"参数设置为"20%"左右。牛仔裤膝盖处的"猫须"磨白效果就模拟出来了，如图4-17所示。

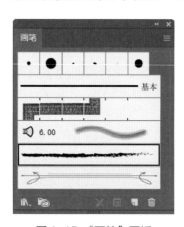

图4-15　"画笔"面板

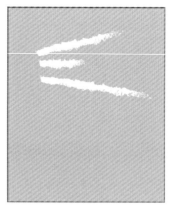

图4-16　线段以所选画笔的形态显现

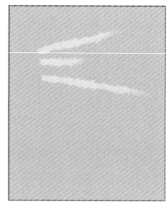

图4-17　"猫须"磨白效果模拟图

三、牛仔面料的"破洞"效果模拟

牛仔面料的"破洞"效果模拟步骤如下。

1. 点选工具箱中的"钢笔工具"，绘制出一个不规则形状的闭合路径，在控制栏将"填充"选为"无"，"描边"为"白色"后，同时按住 Alt 键和鼠标左键拖拉，再复制两个闭合路径，如图 4-18 所示。

2. "选择工具"选定第一个闭合路径，点击菜单栏"效果"菜单下"扭曲和变换"的子菜单中"收缩和膨胀"命令，如图 4-19 所示。

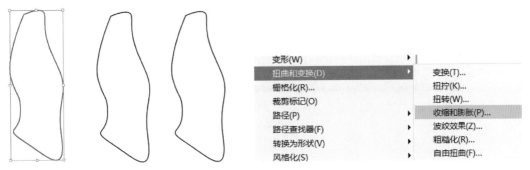

图 4-18　复制闭合路径　　　　　　　　　图 4-19　"收缩和膨胀"命令

3. 弹出"收缩和膨胀"对话框，勾选预览，向"收缩"方向拖动滑块，观察路径的形状变化，数值控制在"10%"左右后确定（数值一般根据效果自行设定），如图 4-20 所示。

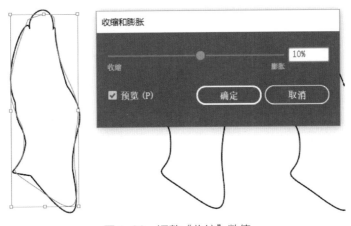

图 4-20　调整"收缩"数值

4. 再次单击菜单栏"效果"菜单下"扭曲和变换"子菜单中"粗糙化"，在弹出的"粗糙化"对话框中勾选预览，拖动"大小"项的滑块，参数值设置为"5%"左右，勾选"相对"；再拖动"细节"项的滑块，观察路径的形状变化，参数值为"54%"左右，如图 4-21 所示，确定（常规情况下，参数一般根据效果自行设定）。

5. 单击菜单栏"效果"菜单"Illustrator 效果"下的"风格化"，点击其子菜单中的"投影"，如图 4-22 所示。

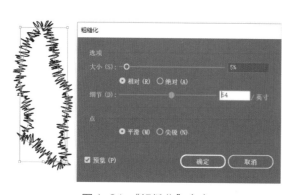

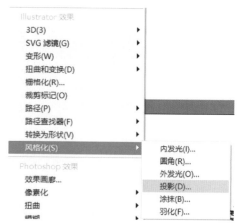

图4-21 "粗糙化"命令　　　　　　　图4-22 "投影"命令

6. 在弹出的"投影"对话框中设置各项参数，"模式"设置为"正常"，"不透明度"设置为"60%"，"X位移、Y位移和模糊"的参数设置为"2mm"，如图4-23所示，确定。

7. 按住Alt键和鼠标左键拖拉，复制处理后变形的路径。将原图形的描边颜色改为深灰色后，将新复制的路径移动到深灰色的路径上，如图4-24所示，框选两个图形，按快捷键"Ctrl+G"编组。

图4-23 参数设置　　　　　　　　　图4-24 移动新复制的路径

8. 点选工具箱中的"钢笔工具"，绘制一组线条，按住Alt键复制，按快捷键"Ctrl+D"复制线条，面积超过之前绘制的不规则图形的路径大小，按快捷键"Ctrl+G"将所有线条编组，如图4-25所示。

9. 使用鼠标右键菜单中"排列"下的"置于顶层"命令，将之前复制的第二个路径调整到顶层，然后将其移动到线条组上，框选两个对象，鼠标右键调出右键菜单，点击"建立剪切蒙版"后效果如图4-26所示。

图4-25　所有线条编组

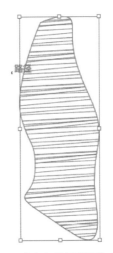

图4-26　"建立剪切蒙版"后效果

10. 使用"选择工具"点选第三个路径图形，在控制栏将其填充为灰色，然后点击菜单栏"效果"菜单下"纹理"子菜单中的"纹理化"命令，如图4-27所示。在弹出的对话框中设置纹理为"粗麻布"，凸现的参数为"4"，确定后效果如图4-28所示。

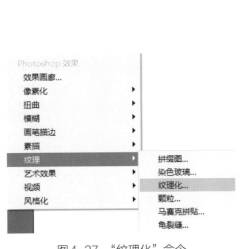

图4-27　"纹理化"命令

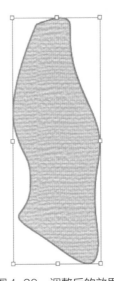

图4-28　调整后的效果

11. 将处理后的三个图形重叠摆放，"纹理化"处理的图形放在最底层，"线条组"图形放在中间层，"加投影的边缘乱线组"放在顶层。牛仔破洞的最终效果，如图4-29所示。

12. 将"破洞"效果放在之前经"磨白"和"猫须"处理的牛仔面料上，效果如图4-30所示。在牛仔面料上做的"磨白""猫须""破洞"效果，可以根据需求用"选择工具"放大缩小或复制，不需要再另行绘制。

图4-29　牛仔破洞的最终效果

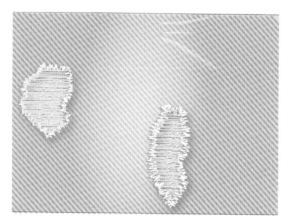

图4-30　"破洞"效果

第二节　针织毛衣肌理的绘制

一、针织毛衣肌理

　　针织毛衣的肌理设计可以使针织毛衣的风格随性多变，柔软松散的织法使得针织自然垂落而显现出慵懒风格，扭转手法织就的针织效果会让服装丰富灵动，而一切风格的基本纹理是圈圈相套的平纹，它的正面效果像麦穗一样，下面我们针对它的这一特点进行针织平纹效果的模拟。

二、针织毛衣肌理的绘制步骤

　　针织毛衣肌理的绘制步骤如下。

　　1. 点击工具箱中"矩形工具组"中的"椭圆工具"，按住鼠标左键在页面上拖拉，画出一个长椭圆。

　　2. 打开"渐变"面板，设置参数。类型选为"径向渐变"，然后点击"渐变滑块"，打开"色板"面板，选取"白色"，按住鼠标左键拖拉白色到滑块左侧，再选择蓝色（可以是任何有彩色）拖拉到滑块右侧，椭圆的色彩变成中心白色渐变到边缘蓝色，如图4-31所示。

　　3. 双击工具箱中的"旋转工具"，弹出"旋转"对话框，勾选预览，将"角度"后的参数设置为"30°"，然后点击"确定"，如图4-32所示。

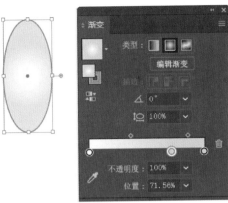

图4-31 "渐变"面板

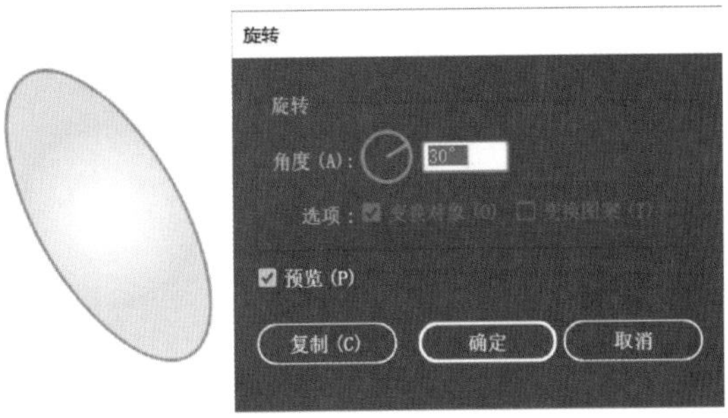

图4 32 "旋转"对话框

4. 双击工具箱"旋转工具"下隐藏的"镜像工具",设置"镜像"参数,勾选预览,勾选"垂直"方向,"角度"后参数设置为"90°",点击"复制",如图4-33所示。

5. "选择工具"选取位于上层的椭圆移动,调整使其下部重叠,如图4-34所示,框选两个图形,使用快捷键"Ctrl+G"将其编组。

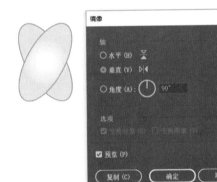

图4-33 设置"镜像"参数

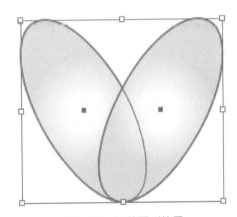

图4-34 调整图形位置

6. 同时按住Alt键和鼠标左键,拖拉复制图形,然后使用"Ctrl+D"快捷键复制出一排,如图4-35所示。

7. 框选整排图形,按快捷键"Ctrl+G"将其编组,再次同时按住Alt键和鼠标左键,拖拉复制图形,按快捷键"Ctrl+D"复制出多排,如图4-36所示。

8. 框选全部图形,按快捷键"Ctrl+G"编组。

9. 点击菜单栏"效果"菜单下"模糊"子菜单中的"高斯模糊"命令,弹出对话框,勾选"预览",将"半径"参数设置为1.1像素,确定。

10. 针织毛衣面料的平纹肌理效果就模拟完成了,如图4-37所示。

图4-35
复制一排图形

图4-36　复制多排图形

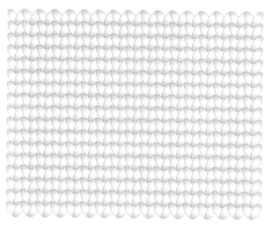

图4-37　针织毛衣面料平纹肌理模拟效果

第三节　人字呢面料肌理的绘制

一、人字呢面料

　　人字呢面料是使用两种颜色的纱线织出来的，面料上有两种方向相反的斜纹，使面料表面呈现人字形的纹理，俗称人字呢。人字呢面料比较厚实，常用于制作秋冬季的大衣、外套等。

二、人字呢面料肌理的绘制步骤

　　人字呢面料肌理的绘制步骤如下。

　　1. 点击工具箱"矩形工具"，按住Shift键和鼠标左键拖拉绘制正方形，按住Alt键和鼠标左键再复制两个正方形，将三个正方形并列摆放。

　　2. 将两个正方形的描边都设为"无"，第一个正方形的填充色为浅黄色，第二个正方形的填充色为黑色，第三个不填充颜色。

　　3. "选择工具"选定第二个正方形，点击菜单栏"效果"菜单下"像素化"子菜单中的"点状化"命令，如图4-38所示。弹出"点状化"对话框，将"单元格大小"的参数设置为"5"，如图4-39所示，点击"确定"。

　　4. 再次单击"效果"菜单下"素描"子菜单中的"粉笔和炭笔"命令，如图4-40所示。

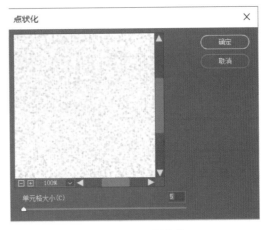

图4-38 "点状化"命令　　　　　　　图4-39 设置参数

5. 在弹出的"粉笔和炭笔"对话框中，调整"粉笔和炭笔"的参数都为"5"，"描边压力"为"1"，确定，如图4-41所示。

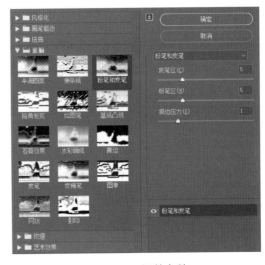

图4-40 "粉笔和炭笔"命令　　　　　　图4-41 调整参数

6. 在"透明度"面板上将"不透明度"的参数调整为"30%"，如图4-42所示，按回车键确定。

7. 把经过两次处理的正方形移动到第一个正方形上方，使两个正方形重叠，按快捷键"Ctrl+G"将其编组，作为模拟人字呢面料的底纹，如图4-43所示。

8. 点击选定"直线段工具"后，在控制栏将"填充色"设为"无"，将"描边色"选为"深棕色"，描边"粗细"选为"2pt"。

9. 鼠标左键在页面空白处单击，按住Shift键画一条水平线，按住Ctrl键，鼠标左键在空白处单击，结束直线绘制。

图4-42 "透明度"面板

图4-43 将两个正方形重叠

10. 单击菜单栏"效果"菜单下"扭曲和变换"子菜单中的"波纹效果",如图4-44所示。

11. 在弹出的对话框中勾选预览,然后设置参数,"大小"项的参数为"6mm",点选"相对";"每段的隆起数"设为"10",点选"尖锐",如图4-45所示,点击"确定"。

图4-44 "波纹效果"命令

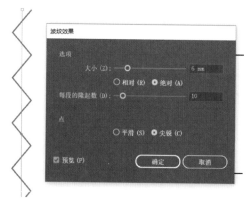

图4-45 设置参数

图4-46 复制折线并编组

12. 按住Alt键拖拉复制折线后,按快捷键"Ctrl+D"多个复制,框选所有折线,按快捷键"Ctrl+G"将其编组,如图4-46所示。

13. 选中复制的第三个正方形边框,调出右键菜单,使用"排列"下"置于顶层"命令,将其调至顶层。然后将其移动到折线上,注意使正方形全部在折线面内,按住Shift键框选正方形和折线面,调出右键菜单,点击"建立剪切蒙版"命令并确定,如图4-47所示。

14. 点击"效果"菜单下"模糊"子菜单中的"高斯模糊",将对话框中的"半径"参数值设为"2",确定，效果如图4-48所示。

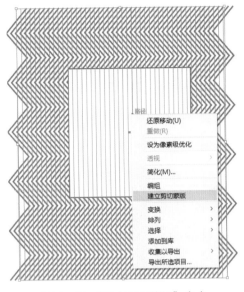
图4-47 "建立剪切蒙版"命令

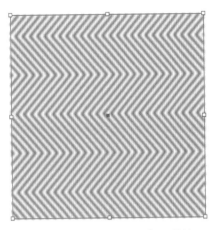
图4-48 选定"高斯模糊"后的效果

15. 单击菜单栏"效果"菜单下"艺术效果"子菜单中的"粗糙蜡笔"，在弹出的对话框中设置参数，"描边"长度为6，"描边"细节为5，"纹理"选"画布"，"缩放"100%，"凸现"设为"15"，确定后效果如图4-49所示。

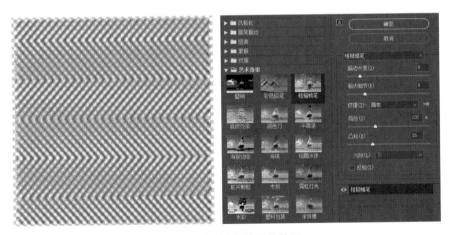
图4-49 设置参数后的效果

16. 设置处理后的折线纹理的透明度为45%，然后将其放置到两个正方形上方对齐，效果如图4-50所示，按快捷键"Ctrl+G"编组，人字呢面料的肌理效果就模拟出来了。

17. 工具箱"矩形工具"绘制一个边长60mm的正方形，放在制作好的面料肌理上，注意正方形面积要比绘制的面料肌理小，且正方形上、下边框对齐模拟面料折线的转弯处。框选两个对象，调出右键菜单，点击"建立剪切蒙版"，将多余的部分切掉。

18. "选择工具"选中图形，在菜单栏中"对象"菜单下的"图案"子菜单中点击"建立"命令，如图4-51所示。

图4-50　人字呢面料模拟效果

图4-51　"建立"命令

19. 在弹出的"图案选项"对话框中设置面料名称"人字呢面料"，勾选"将拼贴调整为图稿大小"（勾选此项，图案不会随款式图的大小变化而发生变化）和"将拼贴与图稿一起移动"，份数选为"1×1"，如图4-52所示。设置完成后，点击图案选项上方"完成"，人字呢面料成为一块色板。

20. 将"人字呢面料"填充在衣片中的效果，如图4-53所示。

图4-52　设置参数

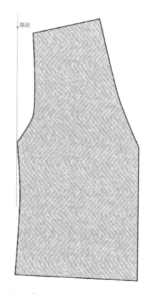

图4-53　"人字呢面料"填充在衣片中

第四节　纱质面料肌理的绘制

一、纱质面料

纱质面料普遍具有飘逸、轻盈、通透朦胧的效果，常见的有雪纺、欧根纱，是夏季服装常用的面料。雪纺面料轻盈飘逸，随风而动；欧根纱面料则质地柔软、透明度高，质感和手感都非常好。雪纺、欧根纱的轻灵、通透气质，在绘制时需要有形若无形的表现。为了达到最佳表现效果，我们借助一款裙子来表现纱质面料的质感。

二、纱质面料肌理的绘制步骤

纱质面料肌理的绘制步骤如下。

1. 点选"钢笔工具"，将控制栏中填充色选为"无"，描边色选为"中绿色"，绘制呈梯形的裙子大体轮廓线。

2. 使用"添加锚点工具"在裙子的两条侧缝上各添加一个锚点，在底摆线上添加多个锚点，如图4-54所示。

3. 使用"直接选择工具"→"小白"，点选一个锚点，向外微微拖拉，然后点击控制栏的"将所选锚点转换为平滑" ，将线条转折处尖角转换为平滑曲线。将每个锚点都进行上述操作，直至将裙子的外形调整如图4-55所示，底摆线呈波浪形，侧缝线呈微弧形。

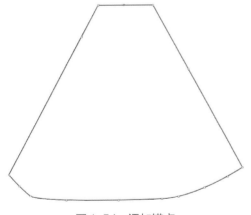

图4-54　添加锚点

图4-55　调整裙子的外形

4. 按住Alt键加鼠标左键拖拉复制裙子图形，去掉复制裙子的描边，放在旁边备用。

5. 将填充色和描边色都选为"中绿色"，点击选用"钢笔工具"，在原裙形上，对着裙子底边的波纹凸起处绘制裙褶，效果如图4-56所示。注意绘制裙褶线条后，不松开鼠标左键轻微拖拉，线条会成为弧线，弧度的大小与鼠标拖动的幅度相关。

6. 按快捷键"Ctrl+G"将全部褶纹和基础裙形编组，然后选择"对象"菜单下的"锁定"命令将其锁定。

7. "选择工具"选中复制的裙形，将底边拉长后，"透明度"设置为"30%"，复制到原裙图上，再拉长复制两次，都重叠摆放到裙图上，效果如图4-57所示。

图4-56　绘制裙褶　　　　　　　　　图4-57　复制图案并调整层次

8. 点开"画笔"面板，点击面板左下角的"画笔库菜单" ，单击其下拉菜单中"装饰"下的"典雅的卷曲和花形画笔组"命令，如图4-58所示。

9. 在弹出的典雅的卷曲和花形画笔组中，点选"叶子图样2"，如图4-59所示。"叶子图样2"被存到"画笔"面板上。

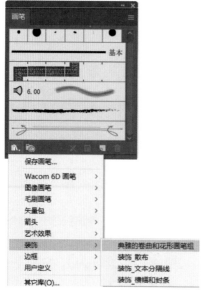
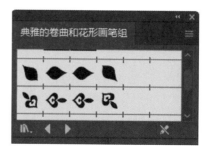

图4-58　"典雅的卷曲和花形画笔组"命令　　　　图4-59　点选"叶子图样2"

10. 将填充色设为"无"，描边色设为"中绿"后，点选"画笔"面板中的"叶子图样2"，沿裙子底边边缘描画，如图4-60所示。注意在透明纱质部分描画时，先将透明度设置为50%，使透明纱质部分的装饰也呈现半透明状态。

11. 点选画笔库中"装饰"菜单下的"散布"画笔库，选中"点环"画笔，透明色调为20%，画笔描画，效果如图4-61所示。

12. 点选画笔库中"艺术效果"菜单下"画笔"中的"画笔1"，控制栏中将"透明色"调为"30%"，画笔沿裙褶内描画，给裙褶添加明暗效果。

13. 解锁锁定的部分后，框选全部元素，快捷键编组。纱质面料的质感模拟就做出来了，效果如图4-62所示。

图4-60　描画裙边装饰

图4-61　"点环"画笔效果

图4-62　纱质面料质感模拟图

 # 第五节　蕾丝面料肌理的绘制

蕾丝面料由两个部分组成，做底的丝网和上面镂空的图案，我们在绘制的过程中，也将分为两部分进行。

一、丝网部分

丝网部分的绘制步骤如下。

1. 点选工具箱"钢笔工具"，先在控制栏调整参数："填充"色选为"无"，"描边"色选为"深绿色"，线条"粗细"设为"2pt"。然后鼠标左键在页面空白处单击，松开鼠标，再次点击，线段被绘制出来，按住Ctrl键，鼠标左键空白处单击，结束绘制。

2. "选择工具"选定线段，点击菜单栏"效果"菜单下"扭曲和变换"子菜单中的

"波纹效果"命令，在弹出的"波纹效果"对话框中勾选"预览"，设置参数："大小"项的参数设为"2mm"，点选"相对"；"每段的隆起数"项的参数设为"30"（数值不是固定不变，一般根据线段的长短和预览状态确定数值），点选"平滑"，线段显示如图4-63所示，确定。

图4-63　调整参数后的效果

3. 按住 Alt 键和鼠标左键，拖拉复制线段，将复制线段左右移动，使两条曲线的凸起处相重叠，如图4-64所示，框选两条线段，按快捷键"Ctrl+G"编组。

图4-64　两条曲线的凸起处相重叠

4. 按住 Alt 键和鼠标左键，拖拉复制曲线组，调整位置使其曲线凸起处与原曲线组的凸起处重叠，然后按"Ctrl+D"多个复制，使之呈现网状，如图4-65所示。

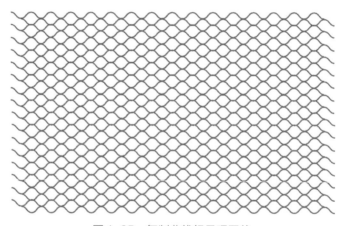

图4-65　复制曲线组呈现网状

5. 框选整片丝网，按快捷键"Ctrl+G"编组。模拟的丝网完成。点击菜单栏"对象"菜单下"锁定"子菜单的"所选对象"，将丝网部分锁定。

二、图案部分

图案部分的素材来源很多，可以使用"画笔"面板下"画笔库菜单"中的元素，如"装饰"子菜单下"典雅的卷曲和花形画笔组"；可以自己绘制图形组合；还可以置入处理后的JPG图片，将元素组合，做成四方连续图案，就可以作为蕾丝上部的图形。

图案部分的绘制步骤如下。

1. 点击菜单栏"文件"菜单下"置入"命令，将之前存好的JPG图片导入进来。

2. 在控制栏中点击"裁剪图像"，把图像边缘不需要的部分裁掉，如图4-66所示，然后点击"图像描摹"子菜单中的"低保真度照片"，如图4-67所示，点击鼠标左键确定。

图4-66　裁剪图片

图4-67　"低保真度照片"命令

3. 单击控制栏中的"扩展"命令，图中元素都处于被选定状态，如图4-68所示，点击选用工具箱"魔棒工具"，在图片内白色背景部分单击，图中白色部分被选定，点按键盘上的Delete键，将白色背景删除，图中只剩元素对象，背景变透明色。

4. 框选图中所有元素，按快捷键"Ctrl+G"编组，如图4-69所示。

图4-68　"扩展"命令

图4-69　图中元素编组

5. 鼠标左键点击菜单栏"效果"菜单"Illustrator效果"中"风格化"子菜单的"涂抹"命令，如图4-70所示。

6. 在弹出的"涂抹选项"对话框中设置参数，如图4-71所示，"角度"设置为"30°"，"路径重叠"为"0mm"，"变化"为"1.76mm"，"线条选项"中"描边宽度"为"0.5mm"，"曲度"为"5%"，"变化"为"1%"，"间距"为"1mm"，"变化"为"0.18mm"。

图4-70 "涂抹"命令　　　　　　　　　　图4-71 设置参数

7. 确认后图案效果如图4-72所示，用于模拟蕾丝的肌理。然后将其填充与丝网同样的颜色。

8. 点击菜单栏"对象"菜单下"图案"子菜单中的"建立"命令，在弹出的对话框中设置参数，如图4-73所示，"名称"为蕾丝面料，"拼贴类型"为"十六进制（按列）"，勾选"将拼贴调整为图稿大小""将拼贴与图案一起移动"，"水平"和"垂直"都选"0°"，"份数"为"5×5"，设置完成后，点击对话框上方"完成"。

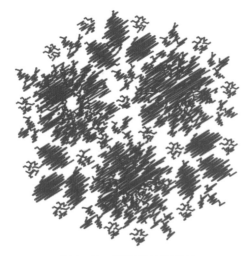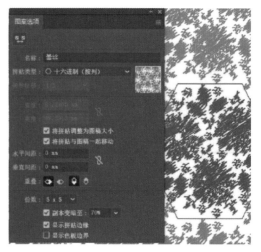

图4-72 蕾丝肌理效果图　　　　　　　　图4-73 设置参数

9. 使用"矩形工具"在丝网图案内绘制一个矩形,"选择工具"框选矩形和丝网图案,调出右键菜单,点击"建立剪切蒙版"命令。然后点击"色板"面板上的"蕾丝面料"将其填充,效果如图4-74所示。

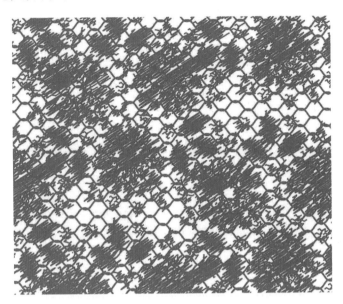

图4-74　填充"蕾丝面料"

10. 蕾丝面料的模拟效果就做出来了。

第六节　皮革、皮草面料肌理的绘制

一、皮革模拟绘制步骤

皮革主要是由哺乳类动物皮加工而成,其是经脱毛和鞣制等物理、化学加工后,已经变性不易腐烂的动物皮。革是由天然蛋白质纤维在三维空间紧密编织构成的,其表面有一种特殊的粒面层,具有自然的粒纹和光泽,手感舒适。

皮革面料肌理的绘制步骤如下。

1. 按住Shift键,使用"矩形工具"绘制一个正方形,然后按住Alt键复制两个正方形,使三个正方形并列摆放。

2. "选择工具"选中第一个正方形,将其描边设为"无",填充色设置为渐变。在"渐变"面板上点选类型为"线性渐变",点击"渐变滑块"左侧选中滑块,鼠标左键点选"色板"面板上的"浅灰色"并拖拉到"渐变滑块"左侧;同上操作,将右侧滑块颜色选为"深灰色",使正方形的填充效果如图4-75所示。

3."选择工具"选中第二个正方形,描边设为"无",内部填充色选为"深灰色"。点击菜单栏"效果"菜单下"像素化"子菜单中的"点状化"命令,在"点状化"对话框中将"单元格大小"设置为"7",使第二个正方形内的效果如图4-76所示,确定。

图4-75　第一个正方形效果图　　　　图4-76　第二个正方形效果图

4. 确认在第二个正方形被选中的状态下,打开"透明度"面板,调整"不透明度"参数为"20%",点击回车键确认。移动第二个正方形到第一个正方形上方,使之重叠,效果如图4-77所示。

5. 选中第三个正方形,将描边设为"无",内部填充色为"深灰色"。点击菜单栏"效果"菜单中"纹理"子菜单下的"染色玻璃"命令,如图4-78所示。

图4-77　两个正方形重叠效果图　　　　图4-78　"染色玻璃"命令

6. 在"染色玻璃"对话框中调整参数,如图4-79所示,"单元格大小"调整为"4","边框粗细"调整为"2","光照强度"调整为"6",确认后效果如图4-80所示。

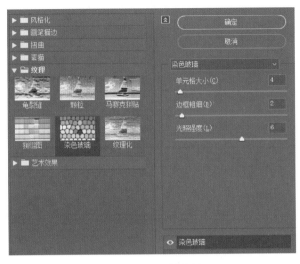

图4-79　调整参数　　　　　　　　　　图4-80　第三个正方形效果图

7.打开"透明度"面板，"不透明度"参数调整为"30%"，回车键确认后，将其移动到第一、第二正方形重叠的图形上方，再次重叠。

8.框选三个正方形，按快捷键"Ctrl+C"编组，皮革的肌理部分就做出来了。

9.打开"画笔"面板，点开左下方的画笔库，点选"艺术效果"子菜单中的"粉笔炭笔铅笔"命令，在弹出的对话框中点选"Chalk"画笔，如图4-81所示。

10.鼠标左键点击"画笔工具"，在"透明度"面板上设置"不透明度"参数为"20%"，然后在正方形上描画几笔，皮革凹凸的效果就模拟出来，如图4-82所示。

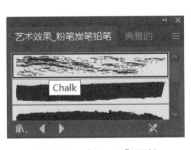

图4-81　"Chalk"画笔　　　　　　图4-82　皮革凹凸的效果

二、皮草模拟绘制步骤

皮草是指利用动物的皮毛所制成的服装。我们以绘制毛领为例，以小见大。

1."椭圆工具"绘制一个椭圆作为基础形状，"添加锚点工具"和"直接选择工具"配合使用，将毛领的形状调整如图4-83所示的形状，以此模拟毛领的外形。

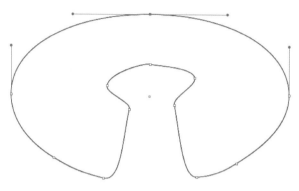

图4-83　调整毛领的形状

2. 点选工具箱中的"网格工具"，鼠标左键放在毛领左侧路径上，当光标改变形状时，单击鼠标左键，添加一个网格点，图形中即增加了一条路径。多次添加路径，通过移动网格上的路径锚点可调整网格状态，如图4-84所示（注意：使用网格工具时，将填充色和描边色都设置为"无"）。

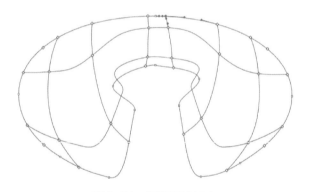

图4-84　调整网格状态

3. 路径调整完成后，点击"填充"工具，将其调整至备选状态。点选路径交叉处的锚点后，点选"30%灰色"，则灰色以网格点为中心向周围逐渐变浅。将内部的锚点逐一填上同一色系不同百分比的灰色（注意：靠近人体颈部的位置，填深些的颜色，边缘填浅些的颜色）。效果如图4-85所示。

4. 颜色填充完成后，点击"选择工具"，鼠标左键在页面空白处单击，网格消失。

5. 双击工具箱中"宽度工具组"下的"晶格化"工具，调出"晶格化"对话框，"宽、高"都设为"10mm"，勾选细节，如图4-86所示。

6. 沿着毛领边缘，按住鼠标左键由内向外轻拉，色彩渐变的边缘处会呈现出很多不规则的芽状凸起，如图4-87所示，以此模拟皮毛的层次。

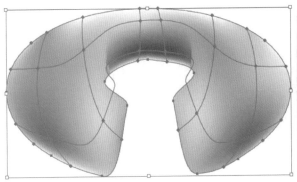
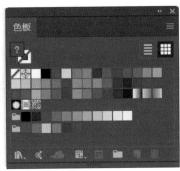

图4-85 填色后效果图

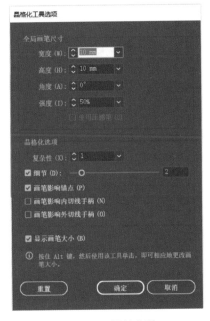

图4-86 调整参数

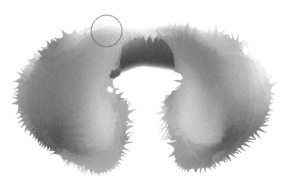

图4-87 模拟皮毛层次

7. 使用"选择工具"选定模拟毛领，点击菜单栏"对象"菜单下"锁定"子菜单的"所选对象"，将图形锁定。

8. 打开"画笔"面板，点击下部"画笔库菜单"中"艺术效果"下的"粉笔炭笔铅笔"子菜单，弹出"粉笔炭笔铅笔"库，选中"Charcoal-Thin"，如图4-88所示。

9. 在上方控制栏中将"填充色"和"描边色"都选为"80%灰色"，描边"粗细"参数设为"0.25pt"，鼠标左键点选"画笔工具"，在毛领边缘和颜色较浅的部位画短弧形线；然后将"描边色"和"填充色"都选为"30%灰色"，在颜色较深的部位画短弧形线，

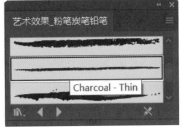

图4-88 选中"Charcoal-Thin"

效果如图4-89所示。

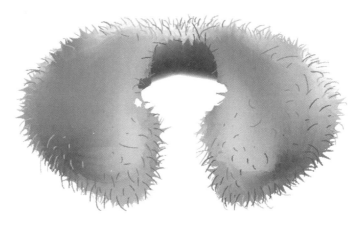

图4-89 毛领模拟效果图

10. 点击"对象"菜单下的"全部解锁"，将毛领底色部分解除锁定。框选所有对象，按快捷键"Ctrl+G"编组。

11. 皮草毛领的模拟绘制完成。

本章小结

1. 牛仔面料因其极强的可设计性，成为世界通用的面料。"磨白""猫须""破洞"效果是对牛仔面料的再设计，绘制这些效果使用的命令都在效果菜单下，配合使用即可模拟现实中物品的样态。

2. 针织毛衣面料的模拟，先绘制出最小单位——一个针迹，再用快捷键复制和快速复制即可绘出。

3. 人字呢面料的折线肌理和蕾丝面料的丝网，都是使用将直线变为折线的"波纹工具"，设置不同参数，即出现的不同效果。

4. 纱质面料的纱感模拟相对简单，几次复制的图形，都设置透明度后错位重叠即可模拟出透明纱质的效果。但纱质面料褶皱处的绘制，需把画笔笔尖设置较宽，且调整透明度。

5. 蕾丝面料上的图案部分，可以多种渠道获得，使用中国传统图案再设计，是其中一种比较快捷的方法。

思考题

1. 模拟牛仔面料的肌理效果时，先绘制的三个矩形各自模拟牛仔面料有哪些特点？

2. 牛仔面料的再设计，除了"磨白""猫须""破洞"，还有其他再设计的效果吗？

如何绘制？

3. 如何模拟针织花纹的效果？

4. 人字呢面料的纹理折线，除了书中所示的方法，还可以用什么命令和工具配合来实现？

5. 蕾丝面料丝网部分的设置，还有没有其他方法？

6. 皮草面料的底色填充时，使用的网格工具为对象设置的网格，能否改变网格形态，如何改变？

第五章

服装款式图的绘制

课题名称： 服装款式图的绘制

课题内容： 1. T恤的绘制

2. 牛仔裤的绘制

3. 蕾丝不对称小礼服的绘制

4. 花边抽褶上衣的绘制

5. 双排扣人字呢大衣的绘制

6. 羊剪绒半大衣的绘制

课题时间： 8课时

教学目的： 通过结合前文所绘服饰配件、面料等模拟绘制服装款式图，使学生熟练掌握AI软件中命令的配合使用，既复习了前文所学内容，又认识到软件的优势。

教学方式： 理论教学＋实践操作训练

教学要求： 1. 学生了解各种服装款式的基本特征。

2. 学生熟练掌握绘制款式图的主要工具："钢笔工具""添加锚点工具""直接选择工具"，并能够配合使用前文所存的符号、画笔、色板图案。

课前准备： 学生课前观察各种款式服装的基本特征。

服装款式图是指以平面图形特征表现的、含有细节说明的服装设计图。服装款式图在实践中能够快速记录服装特点，准确表达服装设计师的设计构思，在服装生产过程中起到样图和规范、指导的作用。

绘制的服装款式图，首先要符合人体结构。因为人体是对称的，除特殊设计的不对称服装款式外，服装需要对称的部分一定要左右对称；其次，绘制的款式图线条要清晰、流畅、圆顺，虚线和实线、粗线和细线在款式图中代表不同的意义，要格外分明；最后，服装款式图还要有文字说明，对特殊工艺的制作、型号的标注、装饰明线的距离等进行说明。

服装款式图一般有平面展开式和模拟人体动态式。平面展开式款式图绘制的是服装平铺时的平面状态，服装正、背面的外轮廓造型、内部结构线、分割线等表达要清晰明了，一般为左右完全对称绘制。模拟人体动态式的款式图，绘制的是服装穿着在人体上的状态，把服装因人体动态而产生的动感表现出来，不是完全对称的。

第一节　T恤的绘制

T恤是春夏季节人们最喜欢的服装之一，其简单的造型、舒适自然的穿着、潇洒又不失庄重的优点，成为全球男女老幼的通用服装。下面是绘制一款女士T恤的平面展开式款式图的步骤。

1. 初学者如果对人体比例把握不准确，可以先"置入"一个人台的图片，在人台上绘制T恤的款式图。人台图片置入后，点击"对象"菜单下"锁定"子菜单中的"所选对象"，将图片锁定，不影响后面操作。

2. 点击屏幕右侧的"图层"工具 ，点击右下方的"创建新图层" ，建立一个新图层，如图5-1所示。

图5-1　创建新图层

3. 选择工具箱"矩形工具"，将"填充色"设为"无"，"描边色"为"黑色"，描边"粗细"为"0.75pt"，在图层2上绘制一个矩形，高度从人台肩部到胯部，宽度从人台中线到身体一侧。使用"添加锚点工具"在矩形上添加锚点，添加的锚点选定在服装的关键节点上，如领深点、颈肩点、肩点、袖窿深点、腰节点等部位，如图5-2所示。

4. 点击选用工具箱"直接选择工具"，调节领部、肩部、袖窿深、腰部锚点位置，使之贴近人台具体部位，如图5-3所示。

5. 使用工具箱"添加锚点工具"，在领深线1/3处、肩线1/2处、袖窿深线1/3处等位置添加锚点后，"直接选择工具"逐一选中后添加的锚点，按照服装轮廓结构移动锚点位置，然后点击锚点控制栏中"转换"后的"将所选锚点转换为平滑" ，将折线变为平滑曲线，如图5-4所示。

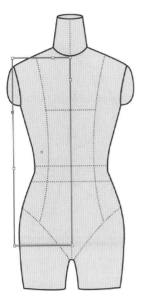

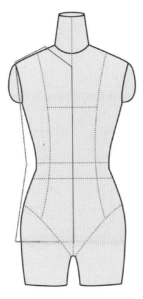

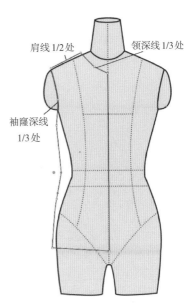

图5-2　添加锚点　　　　图5-3　调节锚点位置　　　　图5-4　将折线变为平滑曲线

6. 使用"钢笔工具"绘制一个不规则形作为袖子的基础形，如图5-5所示。

7. 使用"直接选择工具"移动至矩形最上端端点，对齐衣片的肩点，下端端点对齐衣片袖窿深点。"添加锚点工具"在三条边上适合位置分别添加锚点，如图5-6所示。

8. 使用"直接选择工具"选中在线段上添加的锚点，按照袖子的形态微调锚点位置，然后点击锚点控制栏中"转换"后的"将所选锚点装换为平滑"，使袖子轮廓线条平滑圆顺，如图5-7所示。

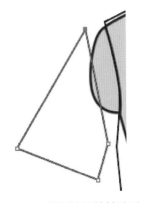

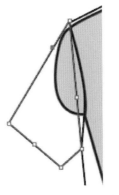

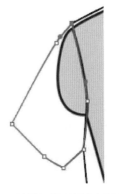

第五章　服装款式图的绘制

133

图5-5　绘制袖子的基础形　　　图5-6　调整并添加锚点　　　图5-7　使袖子轮廓线条平滑圆顺

9. 在"选择工具"状态下，按住Alt键复制袖子。使用"直接选择工具"选中袖口两端转折的锚点后，点击控制栏中的"在所选锚点处剪断路径" ，剪断袖口横线与侧缝线的连接，"选择工具"将其移出，如图5-8所示。

10. 选中袖口部分的线条，在"描边"面板上，将"粗细"设为"0.5pt"，勾选"虚线"，将下方第一格的参数设置为"2pt"，第二格的参数设置为"1pt"，如图5-9所示。设置后将其移到原袖口部位，作为袖子的装饰明线，如图5-10所示。删除剩下的线条。

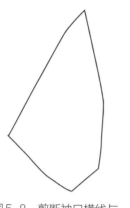

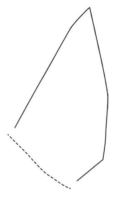

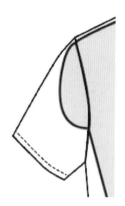

图5-8　剪断袖口横线与　　图5-9　调整参数　　　图5-10　移动图形
　　　　侧缝线的连接

11. 框选衣片、袖片及袖片明线，按快捷键"Ctrl+G"，将3个图形编组。

12. 双击"镜像工具"，在弹出的"镜像"面板中，勾选"预览"，点选"垂直"项，"角度"后参数设置为"90°"，点击"复制"，如图5-11所示。将复制出的图形拖拉移动，使两个图形的中心线对齐，如图5-12所示。（如果人台的存在影响观察，可以点击人台所在图层前的"眼睛" ，人台即被隐藏。）

13. "选择工具"框选所有图形，调出右键菜单，点击"取消编组"，然后只选择中间两个衣片部分，点击"路径查找器"中的"联集"命令，把两个衣片合二为一，如图5-13所示。

图5-11　"镜像"面板　　　图5-12　移动复制图形　　图5-13　衣片合二为一

14. "钢笔工具"连接两个领口尖部作为后领口,然后画一个封闭图形,注意图形要比前领口大,如图5-14所示。在后领口中心部分添加一个锚点,使用"直接选择工具"将其变为平滑弧线。

15. 将连接后领口的图形,使用"排列"工具将其"置于底层",并为其填上"浅灰色";衣片和袖子部分填上"白色",然后按快捷键"Ctrl+G",把所有元素编组,如图5-15所示。

16. 在"选择工具"状态下,按住 Alt 键复制中间衣片。"直接选择工具"选中颈肩点,逐一点击控制栏中的"在所选锚点处剪切路径" ✂ ,"选择工具"将两个颈肩点之间的领口线移出,将其设置为虚线后,放大作为领口装饰线。同样处理底摆装饰线。

17. 将之前绘制的文字图案复制,粘贴在 T 恤上进行装饰,如图5-16所示。

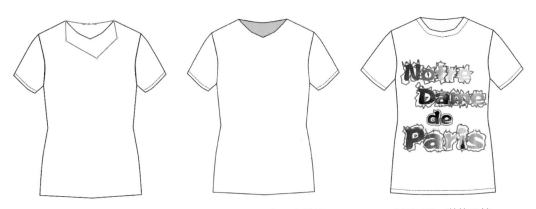

图5-14 比领口大的封闭图形　　　图5-15 所有元素编组　　　图5-16 装饰 T 恤

第二节　牛仔裤的绘制

牛仔裤一年四季都可以穿着,而且可以跟任何款式的服装搭配,是真正的"百搭之星"。牛仔裤跟随时尚也发展出各种风格的款式,下面我们用平面展开式画法,绘制一款男士宽松阔腿的牛仔裤款式图。

1. 选中"矩形工具",在控制栏将填充色设为"无",描边色为"黑色",描边"粗细"为"1pt",然后绘制"宽22mm""高100mm"矩形,此矩形按照1:10的比例,作为牛仔裤的1/4裤片基础图形。

2. "添加锚点工具"在裤片右侧垂直线约1/4处添加锚点,作为裤子的上裆点;继续在左侧垂直线靠近上端的位置添加锚点,如图5-17所示,作为腰臀转折点。

3. "直接选择工具"框选下部的两个锚点,点击键盘上的向左移动键十次,效果如

图5-18所示。

    4."直接选择工具"选中裤片左侧线上的腰臀转折点，微微向左移动，然后点击控制栏中的"将所选锚点转换为平滑"，将折线变为弧线。

    5."添加锚点工具"逐一在裤片右侧线靠近上裆点的下部和裤脚线中点处点击，各添加一个锚点，"直接选择工具"将裤片右侧线上的点微微向左移动，将裤脚线上的点向下微移，如图5-19所示。然后点击控制栏中的"将所选锚点转换为平滑"，将折线变为平滑弧线。

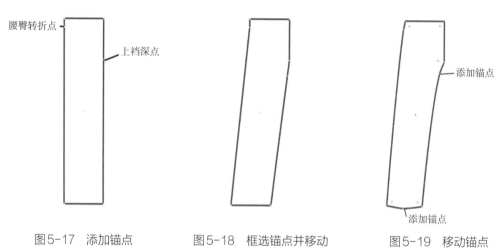

<table>
<tr><td>图5-17　添加锚点</td><td>图5-18　框选锚点并移动</td><td>图5-19　移动锚点</td></tr>
</table>

    6. 打开"色板"面板左下角的"色板库"菜单，点击下拉菜单中的"用户定义"，打开之前的存储文件"牛仔面料2"，如图5-20所示。

    7. 在存储的文件中，点击"牛仔布"，牛仔布出现在"色板"面板中，如图5-21所示。

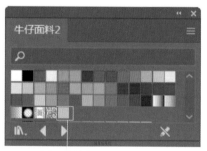

牛仔面料色板

图5-20　打开文件"牛仔面料2"　　　　图5-21　牛仔面料色板

8. "选择工具"选中裤型，左键点击"牛仔布"色块，裤型被牛仔布的效果填充，如图5-22所示。

9. 如果填充的牛仔布纹理显得过于粗大，可以使用"比例缩放工具"调整。双击"比例缩放工具"，在弹出的对话框中设置参数，如图5-23所示，选择"等比"，调整"等比"参数为"50%"，勾选"比例缩放描边和效果"和"变换图案"，确定后，裤型中的牛仔布纹理按"50%"的比例缩小。

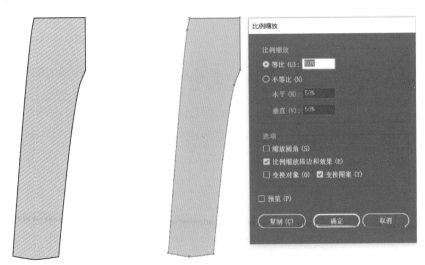

图5-22 填充"牛仔布"色块　　　　　　　图5-23 调整参数

10. 复制裤型，去除填充色。"直接选择工具"点击复制裤片的左侧缝上、下端锚点，点击控制栏中的"在所选锚点处剪切路径"，使裤片的左侧缝线同其他部分分割开，如图5-24所示。同样操作将裤片底边线也分离出来。

11. "选择工具"选中裤片侧缝线和底边线，打开"描边"面板，将线段"粗细"设为"0.5pt"，勾选"虚线"，选项下方第一方框内的参数为"2pt"，第二方框内的参数为"1pt"，回车键确定，将虚线段移动到左侧缝线内侧，放置位置如图5-25所示，作为裤子的明线。

12. "钢笔工具"在上横线的中间位置点击确定一点，再在左侧缝线的上端确定一点，

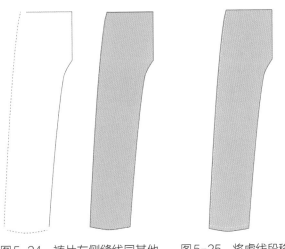

图5-24 裤片左侧缝线同其他部分分割开　　图5-25 将虚线段移动到左侧缝线内侧

图5-26　使线段变成弧线

点按，在不松开鼠标左键的情况下，轻轻拖动鼠标，使线段变成弧线，弧度接近牛仔裤前斜袋线时，松开鼠标左键，按住Ctrl键同时点击鼠标左键，结束绘制，效果如图5-26所示。

13.复制虚线段并移动，模拟牛仔裤双明线的装饰形式。注意细节，将复制线条长出轮廓边缘的部分剪断、删除。具体做法是：先点击快捷键"Ctrl+"，画线部分局部放大；然后"添加锚点工具"在虚线与牛仔裤轮廓线交接点上添加锚点；接着在"直接选择工具"状态下，鼠标左键点击控制栏中的"在所选锚点处剪切路径"，线段断为两个部分，"选择工具"选中虚线超出轮廓线的部分，删除。

14.框选所有元素，按快捷键"Ctrl+G"将其编组。

15.双击"镜像工具"，在弹出的"镜像"面板中勾选"预览"，点选"垂直"项，"角度"后参数设置为"90°"，点击"复制"，如图5-27所示。

16.将复制出的裤片拖拉移动，使其两个裤片的中心线对齐，如图5-28所示。

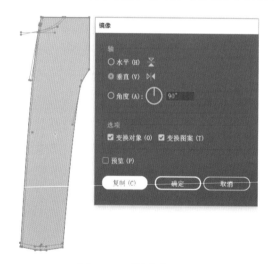

图5-27　"镜像"面板

图5-28　2个裤片中心线对齐

17.将"描边"面板上的"虚线"选项关闭。

18.点击"矩形工具"对话框，绘制"宽50mm""高4mm"的矩形，以牛仔面料填充，作为牛仔裤的腰头部分。将腰头下端对齐裤片顶端。

19."直接选择工具"点击腰头矩形左、右上端点，向内微移动，使腰头两侧线与裤片侧缝线衔接顺滑。复制腰头，去除填充色，使用"直接选择工具"选择控制栏中的"在所选锚点处剪切路径"命令，剪断四个锚点，将上端横线和下端横线设置为虚线，如图5-29所示，作为腰头上的明线。

20. 打开"符号"面板，将之前存储的"金属摇头扣"调整大小放在腰头上。"钢笔工具"点击中心线上端，向下约到上裆点的1/4处，单击确定一点，再向下约45°角方向，在中心线上点击后不松开鼠标左键，拖动拉出弧线，绘制前门襟线，如图5-30所示。

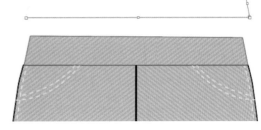

图5-29　上端横线和下端横线设置为虚线

21."矩形工具"绘制"宽1.3mm""高4.8mm"的矩形，作为襻带，放在口袋明线处。襻带下端、斜袋下口放置金属扣装饰，如图5-31所示。

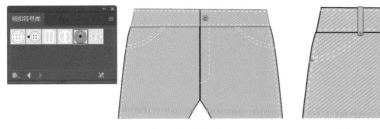

图5-30　放置"金属摇头扣"　　　　图5-31　襻带及金属扣装饰

22. 关闭"描边"面板上的"虚线"选项，描边"粗细"设为"1pt"，"钢笔工具"在腰头矩形中心位置画中心线的延长线，作为腰头部分的裤子开门。

23. 牛仔裤款式图的正面部分完成。

24. 牛仔裤背面款式可以直接复制正面图，将门襟线、纽扣等删除，复制、调整襻带位置，如图5-32所示。

25. 接下来绘制牛仔裤的后贴袋。"矩形工具"绘制"边长""16mm"正方形，"直接选择工具"选中矩形左下侧端点，单击键盘上的"向右"箭头，再选中矩形右下侧端点，单击键盘上的"向左"箭头，把正方形变成一个倒梯形。"添加锚点工具"在倒梯形底边中心点处添加锚点，点击键盘上的"向下"箭头两次，然后拖拉"边角构件"调整，将尖锐转角变得圆顺平滑，效果如图5-33所示。

26. 将后贴袋以牛仔面料填充，"比例缩放工具"调整布纹大小使之与裤片的布纹一致。复制后贴袋，去除填色，只留边线，"描边"面板设置为虚线并将线条调整为黄色，作为装饰明线，如图5-34所示。

图5-32　牛仔裤背面襻带位置图

27. 将明线移动到贴袋上。使用"钢笔工具"在贴袋上直接绘制装饰明线，如图5-35所示，贴袋上转角内侧用缩小的金属纽扣装饰。框选所有元素，编组。

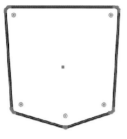 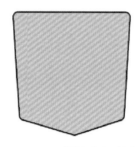 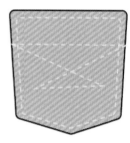

图5-33　将尖锐转角　　　　图5-34　填色并设置虚线　　　　图5-35　绘制装饰明线
　　　　变圆滑

28. 将绘制好的后贴袋移动到裤后片的臀部位置。双击"旋转工具"，在弹出的对话框中将"角度"参数设为"-3°"，使后贴袋倾斜以适应裤片角度，确定后，"镜像工具"镜像后贴袋，将其调整到另一侧裤片上，效果如图5-36所示。

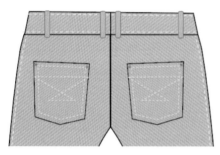

图5-36　"镜像工具"镜像后贴袋

29. 牛仔裤的正、背面款式图，如图5-37所示。

30. 为牛仔裤大腿弯处画上"猫须"，模拟褶皱效果。在前片裤腿部、后片臀部和大腿部做"磨白"效果，选择适合位置放置"破洞"效果，模拟牛仔裤的正、背面效果如图5-38所示。

 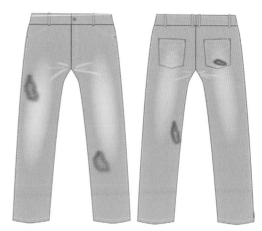

图5-37　牛仔裤正、背面款式图　　　　图5-38　装饰后的牛仔裤正、背面效果图

第三节　蕾丝不对称小礼服的绘制

不对称礼服的左右两侧呈不对称样貌，不能使用先画一半再镜像的对称画法，只能使用"铅笔工具"一笔笔描画。"铅笔工具"在画服装线条的时候，比"钢笔工具"更灵活。

蕾丝不对称小礼服的绘制步骤如下。

1. 打开屏幕右侧"图层"面板，点击"图层"面板下方的"创建新图层"命令，新建三个图层，按照从下向上的顺序分别命名"人台""后片""服装轮廓""内部褶皱"，如图5-39所示。

2. "新建"菜单下"置入"命令将人台置入文件，放在最底层"人台"图层中。调整人台至合适大小，然后点击菜单栏"对象"菜单下的"锁定"命令，将其锁定。

3. 单击工具箱"铅笔工具"，将填充色设置为"无"，描边色选为"黑色"，打开"描边"面板，设置"粗细"为"1.5pt"，"端点"为"圆头端点"，"边角"为"圆角连接"，如图5-40所示。

图5-39　"图层"面板

图5-40　"描边"面板

4. 点击"图层"面板中的"服装轮廓"图层。铅笔工具在人台上绘制不对称礼服的外轮廓。绘制时，不准确的线条可以用"添加锚点工具"和"直接选择工具"配合进行调整；断开的线条，用"直接选择工具"选中线条端点处的两个锚点，点击"连接所选终点"命令将其连接，如图5-41所示，调整外轮廓。

5. 将"服装轮廓"锁定。点击"图层"面板中的"服装褶皱"图层。在"描边"面板中将"粗细"设置为"0.75pt"，"铅笔工具"在轮廓线内按服装部位画服装的皱褶。画完后，点击"人台"图层前的"切换可视性"命令，即"眼睛"图形，"人台"的可视状态关闭，更方便观察所画服装轮廓与褶皱的衔接，如图5-42所示。

图5-41 "连接所选终点"命令　　　　图5-42 服装轮廓与褶皱的衔接

6. 点击第三层"服装轮廓"前的"眼睛"图形，将"服装轮廓"的可视状态关闭，如图5-43所示。

7. 点选"服装褶皱"图层，"选择工具"状态下，框选所有皱褶线条，点击控制栏"等比"下拉菜单中的"宽度配置文件4"，如图5-44所示。

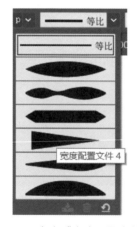

图5-43 关闭"服装轮廓"的可视状态　　　图5-44 点击"宽度配置文件4"

8. 按住Shift键，选中所有方向倒置的线条，点击菜单栏"对象"菜单下"路径"子菜单中的"反转路径方向"命令，如图5-45所示，将线条调整至正确状态。

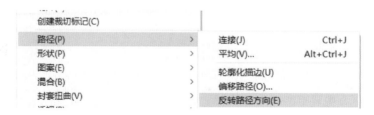

图5-45 "反转路径方向"命令

9. 点击"服装轮廓"前的"眼睛"原位的空白区域，将"服装轮廓"的可视状态打开，不对称礼服的线稿图完成，可填充任何颜色，如图5-46所示。

10. 用之前绘制保存的蕾丝面料图案将不对称礼服填充，如图5-47所示。

图5-46　不对称礼服线稿图

图5-47　填充蕾丝面料图案

11. 点选"后片"图层，然后绘制一个不规则图形，宽度是从前片腋下到领口位置，作为不对称礼服的后衣片，填绿色同系的深绿色，效果如图5-48所示。

图5-48　填充深绿色

第四节　花边抽褶上衣的绘制

带有花边和抽褶的上衣，因为装饰的线条多为曲线，所以非常适合气质温柔的女性穿着。这节所绘制的花边抽褶上衣，将使用第二章中保存的花边皱褶画笔，快速地将其表现出来。

花边抽褶上衣的绘制步骤如下。

1. "置入"人台，调整合适大小后，锁定。

2. "图层"上点击"新建图层"，人台自动显示在图层1上，点选新建的图层，在新建图层中绘制上衣。

3. 点选"矩形工具"，将控制栏中的"填充"设为"无"，"描边"选为"黑色"，"粗细"选为"1pt"，然后在人台上绘制一个矩形，矩形大小如图5-49所示。

4. 使用"添加锚点工具"在矩形上边线添加三个锚点，左、右边线各添加五个锚点，下边线添加十个锚点，作为调整上衣外轮廓的基点，如图5-50所示。

5. "直接选择工具"调整各个锚点位置，使其形状如图5-51所示。

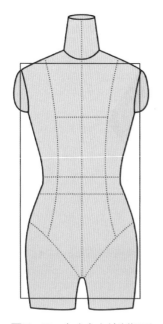 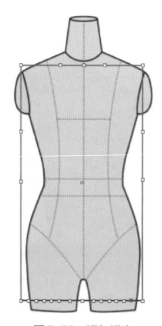 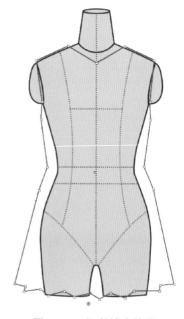

图5-49　在人台上绘制矩形　　　图5-50　添加锚点　　　图5-51　调整锚点位置

6. 逐一选取各个锚点，点击控制栏上的"将所选锚点转换为平滑"，通过锚点"手柄"调整弧形形状，使其各位置与上衣各部位结构近似，如图5-52所示。

7. "钢笔工具"以肩点为起点，模拟绘制喇叭袖的形状，如图5-53所示。"镜像工具"垂直90°，复制模拟的袖片，拖拉到衣片另一侧，与衣片连接。

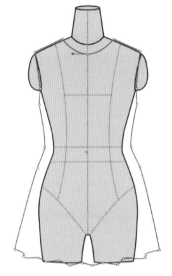
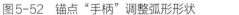
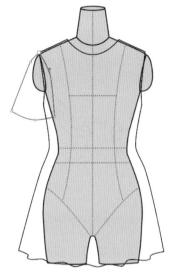

图5-52 锚点"手柄"调整弧形形状　　　图5-53 绘制喇叭袖形状

8. 将连接的"衣片"和"袖片"填色。复制衣片袖片，去除填色后，将衣片与袖片分离开，如图5-54所示。

9. "直接选择工具"状态下，逐一点击控制栏中的"在所选锚点处剪切路径"命令，将领口线和袖底线从衣片和袖片中分离出来，如图5-55所示。然后将其他部分删除。

图5-54 衣片与袖片分离　　　　图5-55 分离领口线和袖底线

10. 点击"画笔"面板左下角的"画笔库菜单"，打开自定义的"皱褶花边画笔"，点击存储的"单线抽褶""工字褶""木耳边"画笔，将其转存到"画笔"面板上。

11. "选择工具"选中领口单线，点击"画笔"面板上的"工字褶"画笔，原弧线被"工字褶"代替，如图5-56所示。

12. 如果"工字褶"的大小与衣片不成比例，则鼠标左键双击"画笔"面板上"工字褶"所在行，调出"图案画笔选项"对话框，将其中的"最小值"参数调整，调为适合的大小。如图5-57所示，是将"最小值"调为"40%"后的效果。

图5-56 "工字褶"画笔

图5-57 "最小值"调整为40%效果

13. 在"工字褶"被选中的状态下，点击"对象"菜单下的"扩展外观"命令后，鼠标右键菜单"取消编组"命令执行两次，将编组在一起的线条分离。

14. "选择工具"选中两段曲线，使用"直接选择工具"框选两条曲线的连接点处，然后点击控制栏中的"连接所选终点"命令，将线段连接起来，如图5-58所示。

图5-58 "连接所选终点"命令

15. 线段全部连接后，"钢笔工具"点击线段尾端锚点，如图5-59所示绘制曲线，连接到线段起点。

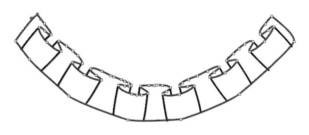

图5-59 绘制曲线

16. 在衣领工字褶被选定的状态下，"吸管工具"点击衣片内部，则衣领工字褶部分被填充与衣片相同的颜色。

17. 使用"排列"菜单下"置于底层"命令将颜色置于底层，则工字褶的皱褶显示出来。将其"置于底层"后移动到衣片领口位置，效果如图5-60所示。

18. 使用"实时上色工具"将工字褶背面位置填上同色系深色。

19. 同步骤11～步骤18，完成后领口"工字褶"、袖口底线"木耳边"的皱褶装饰，效果如图5-61所示。

图5-60　工字褶皱褶移至领口

图5-61　完成后领口和袖口底线皱褶装饰

20."钢笔工具"在腰部画一条微弧线，然后点击"单线抽褶"画笔，上衣腰部抽褶的效果立刻完成（如果觉得抽褶效果与衣片比例不和谐，点击"抽褶"所在画笔行，增大"最小值"，即可调出理想效果）。"钢笔工具"对应底边的皱褶画几条褶皱线，画好后拉出控制栏"等比"子菜单，选中"宽度配置文件4"，上衣的腰部抽褶和下摆的褶皱绘制完成，如图5-62所示。

21. 同步骤11～步骤18的方法，用"工字褶"制作上衣的装饰，如图5-63所示。

图5-62　绘制上衣腰部抽褶和下摆的褶皱

图5-63　用"工字褶"制作上衣装饰

第五节　双排扣人字呢大衣的绘制

　　人字呢面料比较厚实，花型经典，适合做大衣、西装等，风格大气，适合各类人群。下面绘制的双排扣人字呢大衣是对称的款式，我们使用先绘制一半再镜像的方法，就能够完成。

　　双排扣人字呢大衣的绘制步骤如下。

　　1. 根据大衣的尺寸（胸围：120cm，衣长：128cm），使用1∶10的比例，绘制一个"宽30mm""高128mm"的矩形，然后使用"添加锚点"工具在肩颈点、腰线和领口下端大概位置添加锚点。

　　2. "添加锚点"工具和"直接选择"工具配合使用，调整衣片的轮廓，如图5-64所示。

　　3. 点击"色板"面板下"色板库菜单"中的"用户定义"，点选"人字呢面料1"，将"人字呢面料1"色块转存到"色板"面板上，如图5-65所示。

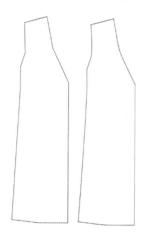

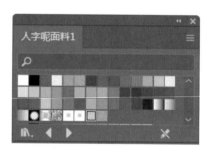

图5-64　调整衣片轮廓　　　　图5-65　将"人字呢面料1"转存到"色板"面板

　　4. 鼠标左键点击，将"人字呢面料1"填充到绘制的大衣衣片中，如果纹样过于粗大，使用"比例缩放工具"将"等比"效果调为"50%"，作为填充"图案"填充，效果如图5-66所示。

　　5. 绘制一个"宽20mm""高62mm"的矩形，作为袖子的基础形状。"添加锚点工具"和"直接选择工具"配合使用，调整袖子的形状及位置，使之上端对齐衣片肩点，外肩线调整为弧形，如图5-67所示。调整完成后，对其使用"排列"工具中的"置于底层"。

　　6. 绘制一个与领口高度接近的矩形，"直接选择"工具先将矩形的左上角点对准上领口点，矩形左下角点对准下领口点，效果如图5-68所示。

图5-66　填充"人字呢面料1"　　图5-67　调整袖子形状及位置　　图5-68　绘制矩形并调整位置

7. 拖拉矩形翻转到衣片上，宽度控制在衣片的1/2左右，按照平驳领的形状调整领片。"添加锚点工具"在右侧线上添加四个锚点，"直接选择工具"调整使其成平驳领形状，如图5-69所示。注意领子的两个尖角用"直接选择工具"下的"将所选锚点转换为平滑"命令调整为圆角，服装的转角一般都不很尖锐。

8. 绘制一个矩形，"直接选择工具"状态下，框选下方的两个点，利用"边角构件"将其调整为圆角。使用键盘上的移动箭头，逐一将上方的两个角点都向内移动一次，矩形被调整为梯形。调整梯形大小使之与大衣比例适合，拖拉到衣片上，作为大衣的口袋，如图5-70所示。

9. 框选所有元素，按快捷键"Ctrl+G"编组。

10. 打开"镜像工具"工具对话框，垂直方向90°，镜像复制衣片。将复制的衣片移动到与原衣片的1/3重叠处放置，使衣片上下对齐、左右对称，如图5-71所示。

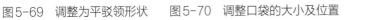

图5-69　调整为平驳领形状　　图5-70　调整口袋的大小及位置　　图5-71　镜像复制衣片

11. 使用"钢笔工具"首先连接两个领口上端画线，绘制一个能够覆盖两个衣片间领口的不规则图形，如图5-72所示，作为在领口处露出的后片和内衬部分。

12. 调整后领口的形状，使后领口为微微隆起的弧线，显示出大衣领子的样貌，如图5-73所示，然后将其"置于底层"。

图5-72　绘制后片内衬部分

图5-73　调整后领口形状

13. 使用"钢笔工具"连接两个肩点画线，再绘制一个肩膀以下、能覆盖领口的图形，作为在领口处露出的大衣后片内衬，如图5-74所示。

14. 将之前绘制保存在符号库中的塑料纽扣打开，如图5-75所示。

图5-74　绘制领口处露出的大衣后片内衬

图5-75　打开"纽扣库"

15. 将纽扣放在大衣上，点击"符号"面板上的"断开链接"，将纽扣以大衣内衬颜色填充。调整比例适合后，复制，四个纽扣摆放成双排扣的样子，如图5-76所示。

16. 打开"画笔"面板，在画笔库中选择几种粗细不同的画笔，调整透明度为30%后，在大衣侧面及腋下等位置描画出暗影效果，如图5-77所示。

17. "矩形"工具绘制一个矩形，点击"效果"菜单下"扭曲与变换"中的"波纹效果"，参数"大小"设置为"1"，"每段隆起数"为"6"，确定后矩形边缘变为锯齿状，如图5-78所示，用于模拟大衣的商标。

18. 将商标放在大衣的内衬上，双排扣人字呢大衣就绘制完成，如图5-79所示。

图5-76　调整纽扣为双排扣

图5-77　添加暗影效果

图5-78　模拟大衣的商标

图5-79　双排扣人字呢大衣绘制效果

第六节　羊剪绒半大衣的绘制

羊剪绒半大衣的绘制步骤如下。

1. 结合使用"钢笔工具""添加锚点工具""直接选择工具"绘制出半大衣的衣片、

袖片、领子和贴袋的图形，如图5-80所示。

2. 鼠标左键双击工具箱中的"晶格化工具"，弹出"晶格化工具"面板，将参数如图5-81所示调整。

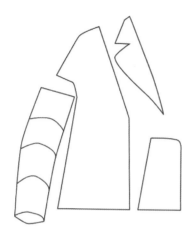

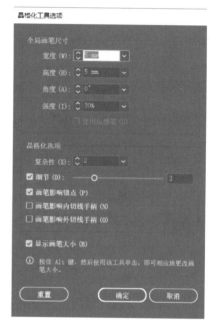

图5-80　绘制衣片、袖片、领子和贴袋的图形　　图5-81　"晶格化工具"面板参数设置

3. 按住鼠标左键，光标放在衣片、袖片、领子和贴袋的边框线内侧，向边框线外侧推拉，边框线出现变化后松开鼠标，"晶格化工具"将原本的直线或弧线处理为芽状外形，如图5-82所示。

4. 将处理后的衣片、袖片、领口和贴袋进行组合。"排列"工具排列前后顺序，领子和贴袋在衣片前，袖子在衣片后，如图5-83所示，编组。

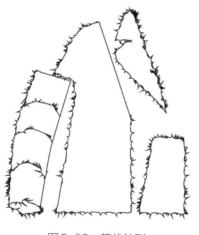

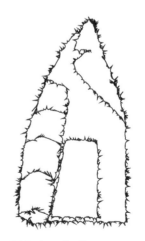

　　　　图5-82　芽状外形　　　　　　　图5-83　调整图形位置

5. 双击"镜像工具"调出对话框，复制衣片并移动到相应位置，使上下对齐、左右衣片前中心部分重叠，如图5-84所示。

6. 使用"选择工具"框选所有对象，在"对象"菜单下点击"锁定所选对象"命令，将对象锁定。

7. 使用"钢笔工具"在领口位置绘制不规则图形，将上领边缘部分用"晶格化工具"处理，如图5-85所示，点选"排列"工具下的"置于底层"，作为后领口。

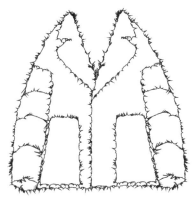
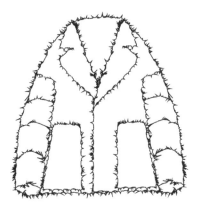

图5-84　复制衣片并调整位置　　　　图5-85　处理上领边缘部分

8. 使用"钢笔工具"在肩部位置再绘制不规则图形，将上缘部分用"晶格化工具"处理，"排列"到"置于底层"后再"前移一层"，如图5-86所示，作为服装的内衬。

9. "对象"菜单下点击"解除锁定"命令，将锁定的图形解锁。按快捷键"Ctrl+G"将所有图形编组。

10. 将图形填充上颜色，注意内衬部分颜色与外衣在同一色系，但颜色深些。

11. 将填充色设为"无"，描边色与衣服内衬颜色相同，"粗细"为"2pt"，"透明度"设为"30%"。使用"画笔"面板，点击选用"炭笔－羽毛"画笔描画，增强服装效果，如图5-87所示。

图5-86　内衬的绘制　　　　　　　图5-87　调整颜色，增强服装效果

本章小结

1. 绘制服装款式图时，使用之前设立的"色板图案库""纽扣符号库"，简单快捷。

2. 平面展开式款式图的绘制使用对称画法，节约时间且图形数据准确。

3. 不对称款式的服装款式图绘制时，需要用"铅笔工具"或"钢笔工具"先绘制外轮廓，再绘制内部细节。

4. 服装内部的褶皱线条，使用"等比"工具能将线条表现得由粗到细、由虚到实，丰富地表现服装效果。

5. "画笔"面板中的画笔配合设置"透明度"，能够更丰富地表现服装的明暗层次效果。

思考题

1. 绘制服装款式图时，如何控制服装的比例？

2. "色板图案库"中存储的色板填充进服装款式内，如果纹路肌理与服装比例不合适，如何处理？

参考文献

［1］郭锐. Adobe Illustrator 服装款式图绘制技法 [M]. 北京：中国纺织出版社，2019.

［2］唯美世界. Illustrator CC 从入门到精通（中文版)[M]. 北京：中国水利水电出版社，2018.

［3］张静. Adobe Illustrator 服装效果图绘制技法 [M]. 上海：东华大学出版社，2014.

［4］吴晓天，廖晓红. 服装款式电脑拓展设计 [M]. 上海：东华大学出版社，2021.

参
考
文
献